保護環境的
公民進行式

環境政策 via 公民參與

目次 Contents

Part.1 尋找問題 · 找出答案

保護環境的公民進行式

Part.2 風險評估與管理

Part.3 政策制訂

凝聚全民共識，
於科學基礎上
推行公共政策

當『全球變遷』議題甫興起的80年代末期，我剛到耶魯大學地質暨地球物理系任教，後來系主任杜瑞肯（Turekian）教授成立了耶魯大學全球變遷研究中心，並在1995年出版了『全球環境變遷史』。之後這股風潮吹向臺灣，1993年我在臺灣大學擔任教職時，又正巧趕上臺灣大學的『全球變遷中心』掛牌成立，於是我與許晃雄教授在1997年便編寫出版國內第一本「全球環境變遷導論」。如今近20年光陰如白駒過隙，全球氣候變遷之嚴重性有增無減，甚至已是臺灣不可規避之問題，氣候及環境與人民生活息息相關，臺灣人民如何在這股環境變遷的浪潮下應對，積極參與，是刻不容緩的議題。

自工業革命以來，人類使用煤炭、石油、天然氣等化石燃料，釋放出的大量二氧化碳，已經改變了大氣中二氧化碳的濃度，二氧化碳對地球能產生溫室效應，使地表的溫度上升造成全球暖化，連帶引發海平面上升、動物滅絕與氣候

異常等連鎖反應，地球體系中幾乎所有的基本元素，都呈現出令人驚懼的變化；而我國近數十年持續的經濟成長，由開發中邁向已開發國家的急速變遷之中，應思考該如何讓環境永續發展、降低對自然傷害，不僅是環保署、亦該是公民共同努力的方向。

然而長久以來，有關臺灣諸多環保、能源議題的討論，公共政策的理性評析或是科學論證不足，或流於民粹，或缺乏公民參與的完善流程，以致環保政策便無法兼顧各利害關係人的觀點，造成偏頗。因此，在實施重大環保公共政策上，具備「公民參與」與「專家代理」元素特質就顯得至關重要。

公民參與能讓群眾在政策認知上產生普遍共識，而透過專家代理，則是避免民粹主義影響客觀事實，近年來，環保署引進「世界咖啡館」之概念，依時程進行「公眾參與、專家代理」相關程序，有系統地就步驟、方式與期程，按部就班執行，以獲得最大共識，達到良善治理。本書枚舉多項環保議題為例，為落實「公眾參與、專家代理」樹立典範，提供實例參考，亦期許未來公共政策更能借鑑本書相關案例，百尺竿頭，更進一步，在科學理性的基礎上、公眾參與的過程中更為精進。

行政院環境保護署

署長 魏國彥 謹識

公民參與，讓事實成為公認的事實

臺灣自脫離農村經濟後，隨著工業急速發展，民眾生活品質大為改善，但也如同兩面刃般，隨之而來的環保問題逐漸顯見，從早期喧擾不斷的縣市垃圾大戰，再到近年聚焦的福島核災問題，一度，臺灣人民曾走過環保意識薄弱的年代，在不知不覺間戕害地球環境，但如今隨著民眾環保意識普遍提升，逐漸積累出豐沛的社會意識能量，開始懂得關注影響周遭的環境議題，進而懂得為環境發聲，這在公民社會中是值得鼓勵並稱許的現象。不過，重大環保議題往往牽連甚廣，單窺一角冰山可能有以偏概全之謬誤，一個處理不小心，往往影響甚鉅。

臺灣地狹人稠、資源有限，想要環境永續發展，繫於國民對環境關懷與具體保護是無庸置疑，但社會重大環保議題常在爭議與濫情的民粹氛圍中拍板定案，常見各方選取對己有利的說詞，在一知半解間存著自認為通盤了解的謬誤，特別在媒體報導角度上，常有單一角度偏頗、與事實落差的錯誤發生，所以該如何讓公共政策避免成為民粹下的犧牲品，而回歸於理性溝通與探討，便是值得深思的問題。

在民主開放的先進國家，公共政策的決定必先奠基於事實與科學的基礎上，而公共政策的決策應該分為兩個程序，第一階段是科學的程序，由各方信任的專家參與，來澄清決策可能帶來的風險評估，也就是確認推動者所陳述的政策背景事實及所帶來成效影響的推論；至於第二階段是政治的程序，由決策者，法律授權下許可制的主管官署首長，委員制的委員或公投時的相關民眾，根據風險評估結果、權益相關者的利益與損害權衡及價值取捨，但若忽略了第一階段專家參與的機制設計，便容易流於濫情氛圍下做出決策。

在看待專家參與過程前，公共政策決策過程需遵守三原則：即資訊公開、公眾參與與損害賠償。臺灣為一民主化社會，資訊流通發達，關於環保議題之內容與相關論述，取得資訊並非困難，而在資訊公開透明的原則之下，仍須搭配細緻的參與機制，才能獲得人民發自內心的信任，因此公民參與正是公開資訊與公信力的最佳保證。在「公民參與」上，公眾（利益相關者）應有參與開發決策過程的機會，藉此獲得充分及公開的資訊，避免權益受到不當的侵害，故政府需提供一個專業與公開的平台進行理性探討，進而取得最佳客觀結果的環境創造機會，尤其重大環境議題往往涉及專業領域，為落實公民參與的立場，

同時避免以偏概全的情況發生,因此「公民參與、專家代理」機制設計實有其必要性。

在不破壞環境與永續發展的前提下,環保署亦引進除了專家會議以外的公民參與制度,採「審議式民主」的精神與作法,就環保議題或重大相關政策,就參與面、科技面、政策面與生活連結面進行討論,諸如公民咖啡館、公民共識會議等機制。藉由一般民眾、學者專家與公益團體間的溝通,達成共識,以利議題界定、爭議釐清與規劃未來發展策略,如此一來,不僅可落實公民參與,其實也是為民眾、政府與各團體間,取得平和與永續發展的保證。

近年來,環保署在政策規劃案、環境影響評估案與眾多爭議性事件,已經實踐上述「公民參與、專家代理」的機制,並證明其效用且受到爭議各方的肯定。透過各種公民參與方式,即使是立場迥異的團體所推派的專業人士,一旦進入專業討論時,皆可以放下立場,以專業角度去檢視問題並加以理性討論,讓實施辦法可以更加合理與完善。至於呈現「公眾參與,專家代理」成效最卓著的方法之一,便是「世界咖啡館」觀念的導入。

「世界咖啡館」是實踐審議式民主重要的一環,它有著招納四方意見、廣集議題的特性,這是以一種平和的方式落實公共參與的空間,但以公眾參與的進程而言,公民咖啡館僅是第一階段的起始而已。「公民咖啡館」就像個濾網,濾出了基本雜質,但還未至去蕪存菁的階段,因此還需經過「全民論壇」。「全民論壇」用意,便是將先前廣集的議題,再做開枝散葉的細項探討,一如有了骨幹,公民論壇等於滋長了血肉,如此完整的議題脈絡才會浮現而出。

針對重大議題,需要相關專家提出專業見解,然而,在該議題專業領域上,並非人人皆是精通,因此「專家代理會議」便因此產生,透過民眾相信的專家代理會議,由專家討論出專業的正反主張,接著再以專家代理會議討論出的情境預設,輸入「情境參數設定」,再得出未來實行政策可能產生的結果,甚至可再由預設出的結果,又可以不斷重新循環,逐漸去蕪存菁,得到更客觀的推論模式與事實,也能獲得社會廣泛的共識,讓事實才能成為名符其實、社會公認的事實。

在臺灣這處美麗的福爾摩沙上，我們都踏在同一處溫暖的土地上，呼吸著同一片蔚藍的天空，因此維護環境的永續，是生活在這塊土地上所有人的共同利益。以這樣的角度觀之，包括政府、環保團體甚至關懷環境議題的全國民眾，其實是站在同一個出發點上，追尋著讓臺灣環境真善美的目標。一個符合永續發展目標的環境決策，必須同時兼顧環境、經濟及社會因素，若「公眾參與，專家代理」模式能更順利的推行，未來也可以作為其他部會制定政策前的範本，畢竟，若公共政策若缺少了公民參與的機制，那事實永遠不會變成公認的事實。

前行政院環境保護署署長（2008-05-20至2014-03-02）

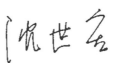

公民參與為環境決策成功的基石

公民參與環境決策為目前世界最新潮流,環保署著眼於重大環保議題對於國內經濟發展影響甚鉅,但其決策過程卻常為媒體和民眾所非議,特出版「公民參與環境決策」專書,期能有效提升國人對此決策模式的了解與支持。本人長期對國內外環保議題極為關注,也樂見國內在此議題上有所進展。

目前國際間普遍實施的環評制度,是根據1969年美國國家環境政策法(National Environmental Policy Act, NEPA)所提出的制度。NEPA的環保功能和做法,很快引起各國的重視與仿效,歐盟也在1985年率先制訂環境影響評估的國際規範——環境影響評估指引(Council Directive 85/337/EEC of 27 June 1985 on the Assessment of the Effects of Certain Public and Private Projects on the Environment),要求會員國根據該指引制訂國內法,針對重大開發案實施環境影響評估。

里約宣言

1992年聯合國在巴西里約熱內盧召開「環境與發展會議」（United Nations Conference on Environment and Development），又稱為「里約地球峰會」（Rio Earth Summit），公布里約宣言，內含27項原則。

在里約宣言第10項原則特別宣示「公民參與」是處理環境議題最好的策略；第13項原則要求政府制訂法律，懲治環境污染和其他的環境破壞，並提供受害者補償；第17項原則將環境影響評估（簡稱環評）定位為國家級的環境保護工具，對於有破壞環境之虞的開發行為，必須進行環評（Environmental Impact Assessment，EIA），而且政府必須指定機關，負責根據環評的結論核發開發許可。

里約宣言第10項原則宣示的公民參與，涵蓋下列3項重要的策略：

一、公民參與決策過程（Decision-making Process）：

除了鼓勵全民參與環境保護與國家發展之政策制訂外，還特別強調婦女、青少年、在地居民和社區積極參與的重要。

二、政府資訊公開，包括：

被動公開：提供管道讓人民得以取得政府掌握到與環境相關的資訊，包括社區內有害物質和對環境有害之行為或活動的相關資訊。

主動公開：為促進人民知的權利和鼓勵公民參與決策的制訂，政府應主動公開資訊並促進資訊的流通。

三、司法救濟：

提供有效的司法和行政程序以矯正錯誤、補償損失和提供救濟。

環評機制回顧

自1985年行政院核定「加強推動環境影響評估方案」開始積極推動環評；1994年底，立法院三讀通過環境影響評估法；1995年開始施行環境影響評估制度，法律上明定民眾參與的權利與機制，公民參與的定位與操作，是許多研究論證的焦點。現行環評審查程序有兩階段，第一階段的審查過程僅有公告與舉辦說明會等規定；第二階段則規定開發單位陳列環境影響說明書、舉辦範疇界定會議以及公聽會等。現行二階段程序的環評法架構，以「對環境

有不良影響之虞」作為第一階段書面審查之篩選機制,而第二階段要求舉辦公開說明會、「評估範疇界定」會議與當地民眾意見的彙整紀錄。

環評自實施以來每年大約有九成的環評案可以在第一階段通過;然而,環評第一階段因無公開的法律程序保障,民眾進行相關參與僅能被動告知,進而主動積極的去了解,不少開發計畫的環評是在進入最後結論階段才被外界注意。而具有實質參與意義的環評第二階段,在現實運作中通過的比例卻不高。

環評問題的背後,實際隱含著科技決定論的意識形態,而這影響了公民參與在環評過程中的位置與機制上的設計。環境影響評估制度的設計只著重在環境影響的預測、分析與評定,奠基在相信客觀中立的科技可以解決政治利益衝突,科技的創新發展可以解決環境污染的問題,而這種科技理性至上的制度結構,迫使「民主參與」、「社會公平」、與「生態價值」相對邊緣化。

2009年2月,環保署公布「環境影響評估審查旁聽要點」,規範當地居民、居民代表、相關團體等旁聽環評相關會議之申請辦法與參與限制。環保署於2009年4月陸續頒布「環境影響評估公聽會作業要點」(根據環評法第12條),以及對於環境影響評估公開說明會(根據環境影響評估法第7條第3項、第8條第2項),補充明定網站公布、地點、通知對象、場地規劃等細節,強調資訊公開與擴大民眾參與之立法施行原則。

專家會議機制

為解決環評審查中日益增多之爭議,環保署在環評初審會議作業中,設立了「專家會議」機制,請爭議各方包括人民團體、開發單位、地方政府等各推薦專家學者代表1至2人參加,與原專案小組委員專家進行專業討論之機制。這個環保署稱為「公民參與、專家代理」機制,希望藉專家間的專業對話,進行「價值與利益中立的、客觀的查核與討論,釐清爭議事實,以兼顧環境影響評估審查品質及效率」。

而此機制已在霄裡溪污染問題、六輕健康風險、中科二林園區之放流水、西海岸開發案對中華白海豚的影響、非游離輻射預警措施、台電整體溫室氣體減排計畫、大林電廠擴建等重大爭議案件中採用。

程序正義

公民參與是環評審查過程中不可或缺的程序正義，然環境影響評估涉及科學證據論辯與風險之判斷裁定，其資訊的產出與提供，以及數據的驗證解讀迭有爭議，專家主導科技決定論的意識型態，常成為一道公民跨越不過的參與門檻，因此如何增進「民眾的實質參與」，更是環評制度設計的一大挑戰。

我國對公民參與環境影響評估的認知，與國際間公認的環評制度尚有些距離。公民參與環評的制度設計，應該是公民參與「政府決策過程」的權利，也就是公民參與政府「核發開發許可之決策過程」的權利，藉以影響政府的決策。但是我國公民參與環評的制度設計，是讓公民參與「開發單位」的環評，讓弱勢的當地居民及資源不足的環保團體與開發單位角力、拉扯、對抗。由於政府只有決策、沒有形成決策的過程，所以公民沒有政府決策過程可參與，遑論藉參與決策過程以影響政府的決策。

「政府失靈」與「市場失靈」的局面相繼出現，使得「參與治理」顯得格外重要。事實上，隨著民主意識提升，公民基於主體性的認知，透過參與管道，主動參與公共事務，多數國家因而面臨程度不等的「不可治理」與「治理不當」問題，遂採行各項因應措施：一方面設法提高國家機關能力，另一方面則提供開放參與管道，由利害關係人與政府共同參與。

與專家對話

隨著社會政治的高度複雜性、動態性以及多樣性，在政策執行過程中，沒有任何一個行動者擁有足夠知識與能力來處理日益複雜的問題。有鑑於此，新治理主張公私部門合作、共同分擔責任且相互授能，以達政策預期目標。為達成國家與公民社會資源整合的目標，多數民主國家已重新調整角色：「由威權行政轉向民主行政，重視公共利益」。現實生活中，公民日益感覺到專家決策已無法滿足需求，對技術官僚的決策能力抱持懷疑。相伴而生的，是公民逐漸意識到先前所忽略或委由專家處理的政策，其實與其生活密切相關，於是各種倡議性行動逐漸展開，目的就是能與專家進行對話。

一旦公民自覺到相關議題對其生活造成相當影響時，其參與力量將不容小覷，衝擊最大的無疑是決策過程將面臨更多民主程序的檢視。當公民具有主觀

與客觀能力,分享其認知與價值時,專家所研擬的政策應更具公共精神,以貼近民眾需求。為提升專家及公民社會的契合度,決策過程除了專家與官員參與外,應同時涵蓋政策利害關係人,共同承擔政策推動責任。如此,方能減少政府機關、專家與民眾三者之間的認知衝突。

若無法落實公共精神,不但欠缺政策正當性,專業理性也難以發揮,執行效果不易彰顯。然而,正當性的取得並非只受官員、專家的影響,公民社會的合作也不容忽視。專家、官員與政策利害關係人三者在決策過程中,有其各自扮演的角色,專家參與決策所關注的焦點在於提供專業知識,制訂完善的政策。然而,完善的政策並不意謂政策結果同樣令人滿意。解決之道應是廣徵民意、傾聽利害關係人的意見;行政官員則給予行政支援,充當專家與公民之間的溝通橋梁;對政策利害關係人而言,所需要的是分享資訊,反應政策偏好。要之,欲達成理想目標,決策方式應秉持社會正義,讓所有參與者立足於平等地位,藉由互動對話方式,以達交換資訊之目的。

專家決策應結合民意

「專家決策」往往採取由上而下的決策模式,並不符合民主行政精神;一個強調民主政治的政府,在政策推動時,應結合民意,而公民是政策執行標的對象,對政策結果有深刻體認,正是一個重要的協商管道。因此,藉由參與治理,除可提升政策回應性,亦能發揮公民監督功能。專家、官員與政策利害關係人三者所組成的決策體系,若能互信互賴、相互學習及影響,更能符合民主思維與實踐社會正義。參與治理的重要性,在於著重公民主體性的認知與實踐,經由公共事務相關的知識與資訊的收集,透過平等、公開的參與管道,直接貢獻自己的情感與意志於公共事務處理。

Waterton與Wynne(2004)研究歐盟環境署發展與科技政策轉變,認為制度的設計與認同,是緊隨著知識形塑需求而調整,使他們在決策中注入審議與批判的創新途徑,以取代傳統集權制式的許可路徑。在環境決策中擴大了預警模式的運用,代表著重新界定「專家知識」與「公民責任」,公民社會在公共價值討論上被賦予更大的角色,並緊密地參與科學知識生產的貢獻。對於公民社會的肯定與

認同，使歐盟改變了政策設計，而新的制度設計重塑公民在環境決策上的正當性與權力位置，使公民更具積極的身分認同。

結語

　　環保署近年來透過「公民咖啡館」成功探討各種議題，包括：低碳家園、氣候變遷和再生能源等。也利用「公民共識會議」，成功的形成環保共識；同時並利用「專家審議會議」和「研商公聽會議」，解決許多重大的環保議題，包括：環保標章制度、碳足跡標示、飲用水標準和細懸浮微粒標準等。上述每一個案的實際運作經驗都非常寶貴，值得學習！

　　本書總括公民參與環境決策的類型、精神、作法及內涵，並以案例方式，深入淺出的闡述各種公民參與的方式及其優劣，希望臺灣在經濟發展過程中，同時考量相關環境成本，並深植環境教育，讓我們在不破壞環境與永續發展的訴求下，追求更美好的生活，為後代子孫保留這片美好的土地！

　　綜而言之，本書在理論及實例方面都有精彩而深入的論述，非常值得對此領域有興趣的讀者仔細閱讀，本人在此特別推薦！

現任台灣永續能源研究基金會董事長
首任環保署長（1987-08-22至1991-05-31）‧交通部長‧外交部長

公民參與和專家審議：環境決策的民主化

就公共政策類型而言，環境保護政策是屬於保護規制性政策（Protective Regulatory Policies），其特性無論在規劃或執行過程，對標的團體都相當具有敵意的，利益受規制者對執行機構政策常持反對態度。雖然環保單位亦常營造利益競爭氛圍或以補助金方式，誘使受規制者合作，然環境政策不易解除規制，有時更因新興環境因子，譬如新生毒性化學物質、氣候變遷等，必須增加規制法規。因此，環保單位想要對受規制者，作有效控制難乎其也！甚者，國會或地方議會或利益團體常會採取遊說和干涉方式、相互結盟，而使環保單位左右為難，時受指責。最後，只好透過法律途徑，進行訴訟，法院判決結果，當然對環保單位與標的團體行為都有法定約束力。然而，這些判決如使標的團體利益受損，而又未事先規劃合理的賠償措施，濫理、濫訴、濫情等的盲目抗爭，在過去相當長的時日，就不斷地在臺灣的社會上演。

為解決這些衝突問題，世界各國在進入法律途徑之前，最常運用的途徑莫過是談判、第三方仲介和仲裁，企圖降低社會成本，就各國經驗來看，是有一定效果，但大多數案例仍走入法庭。然而，另有一派社會科學家，即公共政策學者和環境政策管理學者則致力於「政策審議民主化」（Democratizing Policies Deliberation）的思考，認為應從「民主」和「科學」相互支持的層面，來解決此一現代公共政策的重要課題。

　　如眾所週知，民主的基本內涵是展現所有公民公開參與公共事務的全意志，而科學則是歸屬知識菁英份子的領域，前者鼓勵更廣面意見的參與，而後者則希以專家的參與來尋求正確的答案，兩者間的調和並非易事。但公共政策學者不期待民主是基於真理的科學追求，而是希望從社會構造主義（Social Constructionism）角度，以社會政治觀點來瞭解科學。欲達此目的，就環境保護政策而言，即環境決策的民主化，而答案就是公民參與和專家審議的交互運用。

　　公民參與的基本理論是直接民主，意指政府的政策必須反映被治理者的同意，在民主政體中，公民有權利也有義務參與公共政策和被告知政府決策的資訊依據及結果。公民參與的主要功能可使在政策制訂和執行過程中更具正當性與合法性，同時更能發揮「溝通的權力」（Communicative Power)。尤其如在形式採取的是「論證參與」（Discursive Participation），往往可削弱利益團體競爭的可能性，而袪除危害多元的民主主義。在論證參與的過程，參與的個人或團體可互享彼此的理念和觀點，以發展協同的行動，而型塑新的政治文化。

　　許多政策科學家指出，有關公共事務的知識和智慧，並不只限於特定的科學家，反而是異質性團體或個人往往可對政策問題提供重要的訊息和洞察力，這些非專家或非科學家實質上對政策問題的各面向和假設，亦時時貢獻更實際的分析基礎，以及政策分析技巧所不能檢驗的社會、倫理和政治價值。更重要的是，這些公民對於「地方事務知識」（Local Knowledge）及地方環境系絡實非實證學派的調查分析方法所能進行的規範解釋，而必須透過後實證學派的詮釋分析，使各類不同觀點的公民互動參與，以建構社會知識，並袪除單一面向的推理認知。

　　問題是上述公民參與的知識產生過程，又如何能釐清事實？這就有賴專家代理或參與審議。一般皆認為「專家」是運用專業知識去影響決策的政策參與者。由於專家的專業身分，使他們的行動模式和策略選擇與政府、開發單位、非開

發單位、公民團體等政策參與者有很大不同。許多對專家參與決策的研究，大多將焦點置於專家的角色選擇，探討「專業知識的性質」（Nature of Expertise）或「建議的政治學」（Politics of Advice）。此即意謂一旦決策參與者需要專家時，實已面臨：一、必須釐清特定議題的內容，並尋求可能的解決方向；二、科學事實與民意孰輕孰重的問題。對此，Pielke根據專家個人對「科學」和「民主」的理解。將專家的角色分成四類：「純粹科學家」（Pure Scientist）、「科學仲裁者」（Science Arbitrator)、「議題倡導者」（Issue Advocator）、以及「忠實政策方案仲介者」（Honest Broker of Policy Alternatives）。

進言之，假如專家選擇扮演「純粹科學家」，應會將其角色刻意侷限在科技問題的諮詢者，提供其專業領域中的知識解決方案。而一旦專家必須在已呈現集中焦點於政治與科學共識系絡下，進行特定的政策方案選擇，他們就可能選擇扮演「科學仲裁者」的角色。假如專家意識到自身已處於一個同時在科學事實與政治系絡皆缺乏共識的政策過程，他們所面臨的抉擇，就可能必須在審議中，嘗試去擴張或縮減政策方案選擇的範圍，而尋求減少可能的政策方案，他們也就成為一個「議題倡導者」，使自己與特定的政策議程或利益團體成為同一陣線，同時會將其所擁有的專業視為政策競爭的資源。

相對而言，假如專家開始嘗試去擴張與包容更多的政策選項，他們就會成為「忠實的政策方案仲介者」，而盡力嘗試釐清所有已存在的政策方案，並能對新的方案進行評估。這些「忠實政策方案仲介者」會明確地將利害關係人所關切的議題，以現有科學專業知識進行整合。Pielke就極度推崇此種「忠實政策方案仲介者」的專家角色，他們為決策參與者忠實提供全面的資訊，由決策參與者來確定政策選擇範圍。然而Pielke也同時強調，由於「忠實的政策方案仲介者」會嘗試以更多元的觀點，在不確定性的環境系絡下，進行科學知識與政策方案的整合，往往使專家的組成，面臨難產的困境。

因此在現實的政策環境中，專家審議的可能角色，是在協助決策參與者釐清科學事實與理解政策方案選擇及其產出。然而依據我國現行環評制度，即使有意藉由專家會議機制將科學與政治區隔開來，專家知識與政策選擇卻似乎仍呈現「無可脫逃的相互連結」（Inextricably Interconnected）。根據柯三吉等針對專家會

議機制是否應制度化的研究，即專家會議如何定位，以及何種科學資訊能促使民眾改變心態，並放棄原有的想法與議題，結果發現專家所提供的科學知識雖難以為環保與經濟之間的價值困境，提供完全明確的答案。然而，這些科學知識卻往往與政治價值息息相關，此種緊密的相關不僅影響到政策的執行與產出，同時也衝擊到政策本身。雖然政治價值有時明顯地得以主導專家會議的議題範圍，然而通常還是政治價值與科學知識彼此相互影響，這種現象即所謂公民參與結合專家審議促使環境決策民主化。

　　至於公民參與環境決策，在理論和實務上，都有許多型態，本書將公民參與環境決策過程分成尋找問題找出答案、風險評估及管理和政策制訂三個階段，相當符合公共政策形成和制訂的理論界定。在第一階段，本書引進世界咖啡館的美國經驗和丹麥的公民共識會議經驗，來探討我國的案例，結果成果圓滿，並無國情不同的問題。第二階段則直接運用「公眾參與、專家代理」的制度，來解決潮寮空氣污染事件和霄裡溪廢水排放事件，以及細懸浮微粒與非游離輻射風險之評估；另由公民直接監督的北投垃圾焚化廠及山豬窟衛生掩埋場選址，配合環保單位的盡心盡力，成功的果實卻是令人感動的故事。第三階段進入政策制訂過程，運用專家審議和公聽會會議方式，制訂環保標章制度、碳標籤制度、飲用水鉬鉬管制標準和臺北市垃圾費隨袋徵收，此階段不僅專家發揮專業的角色、公民更是發揮相當創意，兩者結合乃使我國環境的永續發展，將提昇更高層次並充滿無限希望。

開南大學公共事務管理學系（所）教授
前中興大學副校長‧臺北大學副校長和公共事務學院院長

柯三吉

參考文獻／
1.柯三吉等(2011)。我國環境影響評估專家會議制度與審議民主之實現，行政院環境保護署委託研究計畫。
2.Fischer, Frank(2003).Reframing Public Policy: Discursive Politics and Deliberative Practices. New York, N.Y.: Oxford University Press.

建立以民為本的環境決策機制

　　一般而言，環境決策制訂有兩種迥然不同的模式，傳統的環境決策者總是站在政府機關的立場，關切的決策問題是：如何發揮環境管制權的作用，以達到政策順服的目標？在這種決策模式下的民眾，往往被視為被諮詢或被動員的對象，可稱為「官本位」的環境決策模式。隨著政府資訊的公開、民主意識的抬頭，這種「官本位」的決策思維逐漸被民主國家決策者所揚棄，新一代的環境決策係主張「民本位」的環境決策，關切的決策問題是：如何凝聚全民共識，轉變民眾的阻力為助力，以制訂政府、民眾與企業「多贏」的環境政策。如今民主政治已成為全球的普世價值，臺灣作為亞洲民主政治的急先鋒，我一直深切期盼政府首長能夠採行這種符合時代趨勢與世界潮流的民主決策模式，看完了這本「公民參與環境決策」專書，我很高興在沈前署長領導下的環保決策竟然實踐了這種理想。

公民參與是環保政策形成的基石

我們必須建立「民本位」的環境決策機制，蓋公民參與是環境政策形成的基石，失去民意基礎的環保政策，必然遭受社會輿論與傳播媒體的批評，政策之制訂與執行就必然產生許多窒礙難行之處。在任何民主國家中，民眾參與是公共政策發展的生命線，民意取向的公共政策乃是政策制訂者努力追求的目標，語云：「民主政治就是民意政治」。國父孫中山先生的名言：「主權在民」，前總統李登輝曾說：「民之所欲，長在我心」，馬英九總統主張「以人民為主，對臺灣有利」的政治口號，由此皆可看出：公民參與確實是臺灣民主政治發展的重要基石。

目前全球民主國家，公民社會的自主性已經大為提高，代表公民價值與公共利益之「社會力」，逐漸對國家機關所代表的「政治力」構成嚴重威脅，影響其統治效力。在公民社會展現社會力的過程中，當代社會中許多的自願性組織與公民團體無疑地為人民提供許多參與政治生活的機會，而公共政策正是最重要的生活經驗之一，這足以解釋何以民眾參與在決策制訂過程中的角色愈趨重要的原因。事實上，西方民主國家早已將民眾參與視為環保決策程序的必要條件之一，史密斯與英格倫（Smith and Ingram, 1993：2-8）剴切指出：今天許多民主國家所從事的政府改革，如果不能將公民精神（citizenship）、民主政治與公共政策合而為一體，則改革目標無法達成。貝利及其同仁（Berry, et al., 1993）在《都市民主的再生（The Rebirth of Urban Democracy）》一書中，以五個城市實施社區自治的經驗為例，他們發現社區公民自動自發地參與社區事務，激發了公民尊榮感，不僅不會威脅地方治理的功能，反而提升了地方政府對於公共政策的回應能力，為地方政府建構了有創意、有活力的民主決策機制，可見民眾參與對於政策形成過程的貢獻是正面的。

公民參與環境決策的多元方式與具體個案

這本有關公民參與環境決策的新書，是我國政府機關相當難得一見的專著，這是一本與人民站在一起的好書，它沒有深澀難懂的理論敘述，沒有複雜萬端的學理，只是以淺顯易懂的文字，配合具體環保決策案例，忠實地呈現公民參與環境決策的機制、問題與成果；過去數年來，環保機關同仁盡心盡力地透過各種不同的公民參與方式，凝聚各種不同利害關係人的衝突意見，型塑出以「最大公約數」為目標的環境決策，這種默默耕耘的付出，即便是學術界也很少人能夠知道，如今有了這本

專書可以作為參考範例，對於學術界與實務界的貢獻不言可喻。

誠如沈前署長序言中所說：「環保署推展環境決策程序中的公民參與機制，有些是要聽取多元意見並凝聚共識，有些是藉由專家平台的討論達成具公信力的結論，目的都是希望在維護環境的大前提下，能夠作出合理妥適的最終決定。環境的保護，需要行政部門與全民共同攜手；雙方的關係是夥伴，而非對立，公民參與機制正是這種合作關係的具體實現。」

公民參與環境決策的方式很多，不同的決策制訂階段可以賦予公民不同的參與形式，本書將環境決策的程序分成三階段，每一階段都有具體的參與方式與案例，茲分別加以說明如次：

一、決策議題的創意發想階段：世界咖啡館與公民共識會議

臺灣必須面對的環境決策議題多如過江之鯽，我們處理該環境議題的優先順序為何？我們應該要找尋何種問題作為環境決策的對象？第一篇的「尋找問題，找出答案」為本階段關切的研究焦點，誠如學者杜威（John Dewey）指出：「界定出一個好的問題，等於是解決了一半的問題」，這本書第一篇做了很好的詮釋。

為了匯集群體智慧，選擇正確的環境議題做成決策，本書首先提出了世界咖啡館作為創意發想的首要工具，多年來我擔任政府機關公務人員教育訓練的講師，很少政府機關能夠有如此系統地貫徹世界咖啡館的創意發想工具，這本書確實讓我驚訝與佩服不已。

什麼是世界咖啡館？其操作程序為何？「導論」中對於美國原創經驗清楚地告訴我們運用此種創意發想工具的操作程序與實際成果。世界咖啡館的目標是希望改變傳統會議形式，期盼透過匯集團體的智慧，進行有意義的群體匯談；《第五項修練》作者彼德聖吉相當推崇世界咖啡館是促進深度匯談非常有效的方式，對於凝聚全民共識非常有幫助；世界咖啡館是一種兼具「小團體的密切對話，大團體的分享學習快樂」的雙重功能，透過這種方式匯集民意的最大好處是發現很多有意義的點子，誠如美國Philip Morris所說的：「發展策略就像淘金一樣，只要你能找到那個偉大的提問，金子就藏在裡面。」

第一篇提出3個個案作為世界咖啡館案例的說明：Case 2全國氣候變遷會議、Case 3低碳永續家園會議與Case 4臺灣2050年零碳及再生能源百分百可行性和必要性全民論壇。這三個議題的選擇相當適當，其中規模最大的全國氣候變遷會

議個案，將世界咖啡館分成兩階段：第一階段辦理北中南東區四場次，蒐集855議題，第二階段則舉行一天半的正式公民咖啡館會議，將上述議題濃縮成61個主題。至於低碳永續家園會議，則透過50桌500人的參與，凝聚出206項行動項目，可作為我國規劃與落實低碳政策的參考。

公民共識會議（Consensus Conference）是第二種民眾參與方式，Case 5清楚地說明了丹麥實施公民共識會議的成功經驗，它不同於一般的公民會議，具有幾項特色：1.它的參與者為立場中立、不同背景，不涉及特定利益的參與者，而非政策利害關係人，可以避免決策議題偏向某一特定利益團體；2.它是「重質不重量」的民意匯集調查，少數高品質的公民意見遠比低品質的多數民眾意見更重要；3.它是在受訪者資訊充分情況下所做的意見表達，而非資訊不充分情況下的意見表達；4.它要求受訪者必須在充分討論基礎下進行民調，而非幾乎沒有任何討論的情況下進行調查。世界咖啡館與公民共識會議有許多類似之處，故本書將他們放在一起，不同之處僅在於：前者的會議參與者是流動性的，後者的參與者則是固定的。

Case 6環保共識會議，以淘汰二行程機車與推動電動機車作為討論議題，總共舉辦五場次的會議，每次會議以隨機抽樣方式選定25位民眾參與討論，獲得許多有價值的共識。Case 7廢棄物填海造島計畫案例則以公開徵選方式邀請55位民眾就如何以廢棄資源物填海造島方式，取代傳統的抽砂填海，俾朝向「資源循環零廢棄」的目標。從前面兩個案例可知，公民共識會議的主旨在於「挖掘群體智慧的礦脈」，兼顧了參與者的「分」與「合」，「分」是強調我在發聲，我在參與，我在發表意見；「合」則表現在我在聆聽，我在分享，我在貢獻，終能激盪出非常有系統的創意發想成果。

二、決策議題的衝突管理階段：專家代理會議與人民提案監督

環境決策必然產生人民與政府觀點的衝突，衝突是任何一個社會中不可避免的現象，特別是在民主國家中，衝突是環境決策的特質之一。其實，決策的衝突性並不是一件壞事，關鍵在於是否能夠建立一套讓社區居民能夠接受的衝突管理模式。一般而言，衝突管理有兩種模式：「專家模式」與「公民模式」。

「專家模式」主要是針對衝突性的決策議題，衝突兩造雙方推薦適格的專家，成為社區民眾的代理人，從專業知識角度釐清環境衝突的來龍去脈與問題癥結，地方民眾再根據專家意見做成適當決議。專家代理會議係以科學程序，運用公眾

參與、專家代理方式，由各方信任的專家參與，就環境決策可能帶來風險的評估進行科學證據的蒐集、分析與推論；專家代理結果雖未必能取得共識，但透過這種方式，建立一個專業平台，在不扭曲事實的前提下，以科學根據尋求更為公正、客觀的解答，應是解決環境爭議最適切的作法。Case 8的潮寮空氣污染事件，將飄散在空氣中的不知名氣體，透過各方推薦的專家學者組成公正查證小組，採用科學檢測數據追緝元兇，以杜絕類似事件的發生；Case 9的霄裡溪廢水排放事件，透過擴大專家參與使得兩家知名企業提出放流水水質優化措施計畫。另外還有Case 10細懸浮微粒PM$_{2.5}$空氣品質標準訂定和Case 11非游離輻射影響驗證等案例分享。

「公民模式」主要是基於政府資訊公開的原則，為了要化解鄰避設施附近社區民眾的反彈，取得當地居民信任，由人民提案與設施管理者籌組監督環境污染的風險管理模式。這是屬於公共政策的程序，根據權益相關者的利益與損害權衡及價值取捨，透過民眾與設施管理者研商會議，決定要不要推動此項政策之程序。Case 12北投垃圾焚化廠監督管理，透過居民的提案與多次公聽會的研商討論，賦予民眾監督焚化廠操作的合法地位。Case 13山豬窟衛生掩埋場選址案例，係臺北市政府環保局選定山豬窟垃圾掩埋場的艱辛過程，透過持續與地方相關人士的溝通對話，才順利化解政策爭議與環保抗爭。

三、決策議題的方案規劃階段：專家審議會議與研商公聽會議

本階段主要是依據《行政程序法》相關規定，邀請當事人、相關利害關係人、專家學者及一般民眾，針對欲建立的行政規則進行專家審議，或欲頒布的法令規範進行研商公聽，廣泛收集各界意見以為參考。這種公民參與模式的應用相當廣泛，也是長期以來我國環保機關最常運用的方式。本單元介紹的兩個具體案例：Case 14綠色消費：環保標章制度與Case 15碳足跡標示產品類別規則，選擇極具專業性議題，透過專家審議會議，建立環保標章的規格標準與碳足跡標示產品類別的規則，讓日後廠商、民眾與企業在推動類似業務時有所遵循。

至於Case 16飲用水增訂鉬管制標準與Case 17臺北市垃圾不落地及垃圾費隨袋徵收政策，都是與民眾生活息息相關的環保議題，透過研商公聽會議，凝聚民眾共識，化解爭議，順利訂定這些標準，並採行相關政策。

結語

　　公民參與的擴大，固然是民主發展的趨勢，但同時也產生了許多問題，不少政府官員相當擔心下面兩項問題：第一、公民參與和專業知識的衝突問題，環保政策經緯萬端，非常複雜，需要專業的科學知識，民眾如何能夠理性地知悉與討論環保決策？第二、公民參與和行政效率的矛盾問題，環境決策如果讓公民參與是否會影響行政效率？是否會延宕決策時機，拖延決策程序？這本書的案例清楚地回答了上述兩個問題，本書中的任何一個案例都是非常複雜、專業的，參與民眾的討論何以如此兼具深度與廣度？可見專家一定比公民有學問、更專業，基本上只是刻板印象，與實際現況不符。這本書也告訴我們，只要認真實踐公民參與，則自然就能夠化解民眾的反彈聲浪，不僅不會延宕決策程序，反而讓環境決策過程更為周延順利。

　　誠如沈前署長指示的：「維護環境的永續，是生活在這塊土地上所有人的共同利益；在這一點上，政府和環保團體及所有關心環境議題的人士，其實是站在同一條陣線，追求相同的目標。」「環境的保護，需要行政部門與全民共同攜手；雙方的關係是夥伴，而非對立，公民參與機制正是這種合作關係的具體實現。」

　　的確，這本書明確告訴我們，傳統「官本位」的環境決策模式逐漸轉變為當代「民本位」的環境決策，重視公民參與的環境政策科學（the environmental policy sciences of participatory democracy）將成為未來我們追求的環境決策範式，以營造政府、民眾與企業的三贏目標，讓臺灣順利邁向環保先進國的目標，筆者誠懇盼望這本書能夠成為日後制訂我國環境決策的參考範例。

國立臺北大學公共行政暨政策學系特聘教授

參考文獻／

1.丘昌泰（2010）。公共政策：基礎篇。台北：麗文文化事業集團／巨流圖書有限公司。

2.J. M. Berry, K. E. Portnoy, K. Thomson (1993). The Rebirth of Urban Democracy. Washington, DC: The Brookings Institution.

3.S. R. Smith and H. Ingram (1993). "Public Policy and Democracy," in Public Policy for Democracy, Smith and Ingram, eds. Washington, D.C.:The Brookings Institution.

環境決策程序中的公民參與機制

整維護我們及後代子孫賴以生存的自然環境，是環境工作者追求的理想，但理想與現實之間難免存在落差，有時就需要某種程度的妥協。針對個案，環保團體往往站在置高點，朝最高理想邁進，但行政部門卻得考量不同利益的相關各方，經常得作出妥協。因此，必須透過一個公開透明的機制，設法找到在當時的客觀條件下，各方都能接受的可行方案。

民主社會的公共政策要在法律基礎下作決定，而法律授權的決策方式有兩個極端，一個由首長決定，也就是由主管機關基於權職作出准駁的許可制；另一是交付公投，讓所有公民一人一票作出決定。而在這兩個極端之間，還有許多決策方式，例如由議會決定的代議制度；以及環保署近年積極推動的各項公民參與決策機制，例如公民咖啡館、公民共識會議、專家會議、審議會議或是公聽會議等。

從民眾參與的角度來看，多數人會依據各自利益來決定要承擔多少風險。也由於每個人的利益不相同，對風險的看法也不一樣，民主社會就以「數人頭」的方式，透過投票來決定「要不要」，亦即公民投票。但即便是把決定權交到公民手上，也還是要先釐清事實，判斷「是不是」，讓公民在投票前，對待決定的事項有正確的知識基礎，而不是只憑個人偏好作成決定。

根據諾貝爾經濟學獎得主康納曼的觀點，人的大腦可分為快思與慢想兩個部分，人的一生較常使用快思系統，可以同時做幾件事，例如一邊開車一邊聊天；慢想則是邏輯思考，一次只能做一件事。面對公投，當民眾被迫接收正反方的促票訊息時，多是啟用了快思系統，直覺性的接受其主張，並作出決定。

只是，缺乏對事實理解及足夠思考的快思決定，真的是最好的決定嗎？所導致的結果，真的是最適切多數民眾或環境利益的答案嗎？

公眾參與環境決策之整體層次

由於環保議題往往牽涉專業的科學數據及解讀，也存在著許多無法立即取得共識的模糊地帶，因此，環保署因應環境決策程序衍生出其他公民參與的機制，藉著循序漸進以及有步驟的公民參與進程，去取得風險利益評估，以獲得最大共識，希望在不在的時間點和需求之下，讓民眾與政府有更多慢想的空間。

權益相關者代表的諮詢會議

一開始的利害相關者諮詢會議，實行目的主要在於進行議題討論、資訊釐清及主張說明（包含價值主張及利益主張），因為每個人之於社會意義的相關性不盡相同，彼此關注的目標殊異，於是大家會根據議題因此各自去發展不同的主張，這主張包括有「價值選擇」與「利益選擇」。在權益相關者代表的諮詢會議中，我們需先將利益選擇這部分先排除，回歸到科學方法進行推論，透過起始的諮詢會議，達到議題逐漸收斂之成效。

公民咖啡館

下個階段的「公民咖啡館」便是收集問題並彙整分類為各項主議題及子議題，架構於同樣的大主題下，每人設想的問題都不一樣，利用公民咖啡館的模式，可以達到釐清主張的歧異，得到主要議題以及子議題的結論，以「2050年零碳及再生能源百分百及必要性全民論壇」案例上，共有300名來自各界的公民共謀未來低碳願景，便是一例。

全民論壇

「全民論壇」可說是公民咖啡館進階版，全民論壇承接著公民咖啡館因釐清主張歧異、獲得的主要議題及子議題初步結論，接著再進一步以劃分歧異主張為原則，針對價值的歧異主張，再進一步釐清事實、科學及相關性之歧異（問題）點，找出價值的歧異主張、科學推論及相關性之歧異（問題）點，最後，再回到系統知識庫並進行科學性推論，來到專家會議的階段。

專家會議

「專家會議」等同於以更具理性與數據化、科學化的方式，針對各項議題進行更精闢且具說服力的討論。在專家會議的模式中，可由爭議各方推薦其信任專家，針對事實、歧異主張的各項背景事實與科學的討論，確認專家們有共識及無共識的部分（即

不確定大的部分）。無共識部分透過模擬情境之假定及關鍵參數之設定，進行情境設定及演算、產出展示與解讀；如果真無法處理時，再回到價值與利益的取捨，進行風險管理。以「2050年零碳及再生能源百分百可行性及必要性全民論壇」為例，專家會議便能確認零碳情境模擬的關鍵參數，為「公民參與、專家代理」的運作雛形。

情境設定演算

從專家會議方式的階段，透過模擬情境之假定及關鍵參數之設定，接著便是進行情境設定演算、產出展示與解讀，經過這五大步驟流程，利用不斷反覆的探討及科學化的論述，以期達到最後「公民參與、專家代理」的成果。倘若這樣的進程尚無法處理時，再回到價值與利益的取捨，進行風險評估與管理。

公眾參與環境決策之整體架構

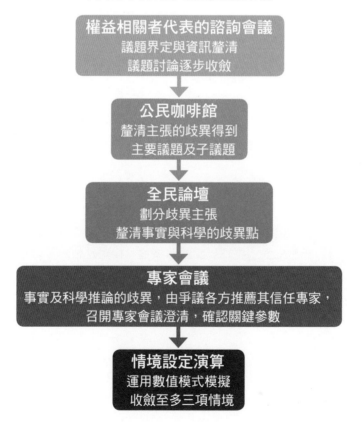

權益相關者代表的諮詢會議
議題界定與資訊釐清
議題討論逐步收斂

公民咖啡館
釐清主張的歧異得到
主要議題及子議題

全民論壇
劃分歧異主張
釐清事實與科學的歧異點

專家會議
事實及科學推論的歧異，由爭議各方推薦其信任專家，
召開專家會議澄清，確認關鍵參數

情境設定演算
運用數值模式模擬
收斂至多三項情境

推動公民參與的原理原則

確立制訂決策時公民參與機制的基本原則後，更重要的是主管機關在處理具體個案時，要落實有效的溝通程序，讓受邀的公民充分參與，達成政府、專家與公眾的最大共識。

一個成功的決策，必須同時滿足程序、情感及實質等三項需求。程序需求是指人們覺得事情如何被討論，核心是公平及透明；情感需求指的是人們覺得自己及其他參與者如何被對待，核心是尊重及對決策的參與。至於實質需求，是指事情被解釋、問題被回答、議題被討論及參與者意見被考量的程度，核心是價值、需要及利益。

公共參與不同於公共關係，前者是決策或採取行動前納入及考量公眾意見的程序，後者則是不給公眾影響決策或結果的機會。一旦決定個案的處理要納入公共參與機制，就必須讓公眾有機會影響決策或結果。

公民對決策參與的程度可以非常簡單，也可以非常複雜，每個案例的情況都不相同。因此，推動成功的公民參與程序，實務上有幾個原則需要掌握。

釐清公民參與的目標

首先，要先釐清希望透過公民參與達成的目標，以及讓公民參與決策的程度。判斷特定案件是否需要採用公民參與機制時，要考量受邀參與的公民是否真的有影響決策或結果的機會。

一旦確定要讓公民參與，就要決定適當的決策參與程度。但別誤以為民眾的參與程度愈高愈好，事實上是要選擇一個最符合客觀條件及個案需要的方式，須考量的因素包括：何種程度的公民參與能夠發揮效果、公眾參與的意願、主管部門與民眾的互動意願、可用資源、可用時間等。同時也要思考，如果不讓公民參與，會產生怎樣的後果？

納入公民參與的決策階段

其次，得決定要在決策的哪個階段納入公民參與。通常，在較早階段納入公眾意見會比較有效。過程中，要避免向受邀參與的公民提問「你要什麼」，也別要求民眾對他們無法影響或是已作成決定的事項發表意見，而是要提出非常具體的問題，讓參與者能夠聚焦。

完整及客觀的議題資訊

再者，要建構並分享有意義的資訊。主管部門必須提供參與民眾討論相關議題所需的資訊，所有資訊須讓民眾能夠取得並理解；並要讓公民參與發揮預期效果，利害關係各方與決策者檢視的客觀事實及資訊必須一致。

尋求各方建言，取得多數公眾的利益

第四，要廣泛地考量相關各方的利益，尋求較多數公眾的利益，不被特定少數利益左右。主管部門不能只與大聲、強烈表達意見者互動，而是要找出應該被納入公民參與機制及討論程序的不同聲音及其代表團體或個人，並與主要的相關利害各方建立關係及協助彼此互動。

完整的公民參與程序

第五，要設計一個完整的公民參與程序。主管部門必須經常性地思考公民參與並提早發動，讓公民參與活動與原有的決策程序相結合；執行公民參與時，也不能只依賴單一事件或有限場次的會議。

確實支持公民參與機制

第六，要確實支持公民參與機制。主管部門必須提供足夠的資源，包括經費、時間及人力，來協助公民參與活動的進行，也要確保資訊透明，並與相關的利害各方建立關係。更重要是，主管部門必須依據事先的承諾，在適當的階段考量受邀參與公民提出的意見。

依據這些原則推行公民參與，實際討論及溝通過程中要能有效協調各方差異，達成設定的目標，還需要投注不少努力。

進行環境決策時，關鍵就是要設法取得科學與政治之間的平衡，這也是唯一能夠有效維護複雜生態系統、達成永續發展及捍衛民眾健康與安全的方式。但不可諱言，專家、官員及民眾的思考及關注重點會有不同，三者之間存在的差異需要克服。

多數專家對政策或政治沒有興趣，專業訓練讓他們認為科學應超越決策及政策考量。專家也可能習慣與學界人士溝通，可能無法用簡單易懂的語言向決策者及民眾說明。

另一方面，民選公職人員及在特定案件中有利害關係的團體，往往會把問題放在政治的領域中思考，他們的意見可能出於自我利益，而非更廣泛的公眾利益。

而媒體雖會關注有重大爭議的環境政策事件，但經常只是從新聞性的角度切入，容易將涉及科學事實的爭議簡化，無法協助閱聽大眾釐清爭議及相關各方不同主張背後的利益考量。

　　要協調參與討論的各方，須具備與不同個人及團體交往的能力，並能夠在討論過程中歸納可能的政策選項及推動程序，不能促銷特定的解決方案，在考量各方主張的背景下協助建立共識。

　　西方有個諺語提到：「讓我知道，我會忘記；讓我見到，我會記得；讓我參與，我會了解。」公民參與有助達成更好、更可持續的決定，決策者可藉此凝聚眾人智慧取得更多資訊做為決策基礎，也能廣泛考量關係各方的利益，有助利害關係人更了解決策並成為其中一員。

　　維護環境的永續，是生活在這塊土地上所有人的共同利益；在這一點上，政府和環保團體及所有關心環境議題的人士，其實是站在同一條陣線，追求相同的目標。一個符合永續發展目標的環境決策，必須同時兼顧環境、經濟及社會因素，公民參與能協助達到這個目標。

　　環保署推展環境決策程序中的公民參與機制，有些是要聽取多元意見並凝聚共識，有些是藉由專家平台的討論達成具公信力的結論，目的都是希望在維護環境的大前提下，能夠作出合理妥適的最終決定。

　　環境的保護，需要行政部門與全民共同攜手；雙方的關係是夥伴，而非對立，公民參與機制正是這種合作關係的具體實現。

參考文獻／

1.Environmental Decisions in the Face of Uncertainty, Committee on Decision Making Under Uncertainty; Board on Population Health and Public Health Practice; Institute of Medicine

2.Improved Science-based Environmental Stakeholder Processes, a Commentary by the EPA Science Advisory Board

[尋找問題· 找出答案]

公民咖啡館 & 公民共識會議

民主社會裡的公共政策制訂,如何得以真正符合社會需求、保障公民權益,首先,得要先知道人民的需求所在、問題何在。也因為如此,在政策制訂的初期,甚至是政策尚未擬定前,即導入公民意見、社會觀點,讓政策擬定符合社會真實現況,一直都是行政主管機關努力追求的理想。

然而,正所謂一種米養百樣人,即使生活在同樣的環境空間裡,每個人仍會因為各種條件因素的差異,衍生出不同的觀點與立場。每個人,在面對政策決策時,無不希望自己能從中獲得最大利益,而其中的公平公義,也就考驗著行政機關如何從中找到平衡,取得最大公約數。

落實在環境決策上,與生活息息相關的空氣、水源、土壤、植物、能源、廢棄物……等議題,環保署也希望為此集合公民的集體智慧,釐清多數需求和少數觀點,有效尋找問題,找出答案,跨出公民參與環境決策穩健的第一步。

因此,環保署自美國引進的世界咖啡館經驗,以及學習歐洲舉辦公民共識會議的實施脈絡,建構出一套適合國內探討環境議題的公共參與交流平台,讓環境決策在制訂推動之前,便納入公民觀點,藉由溝通與對話催生符合社會需求現況的法令制度。

世界咖啡館,源自美國的團體匯談模式,藉由進行團體匯談,匯聚團體智慧,進而促進組織成長與進步,凝聚集體創造力。環保署以此為模型,舉辦國內版的

公民咖啡館與專家咖啡館會議，在2012年的「全國氣候變遷」及「低碳永續家園」議題上，大有斬獲。進而在2013年，針對「臺灣2050年零碳及再生能源百分百可行性及必要性」議題上，亦舉辦了一場達300人次的全民論壇，更上一層樓地獲得各方民意團體的認同。

共識會議，則是起源於歐洲國家丹麥的公民會議，主張政府在政策或法律制訂前，讓公民有參與「審議民主」的機會與管道。有別於一般民意調查、說明會或公聽會的形式，共識會議邀請不具專業知識的民眾，經由事前的資料閱讀與專家詢問說明，聚焦論壇主題進行辯論與討論，最後形成共識，成為決策制訂的參考。

在臺灣，自2004至2006年即以此模式，辦理過3場次會議探討環保議題。並為落實總統馬英九競選政見，2009至2011年也以半年為單位，針對當時熱門環境話題進行討論，辦理5場次會議。2012年，由於「廢棄物填海造島」計畫的提出，引發民間的疑慮，亦以共識會議促成官方與民間的意見交流。

第一篇章，即以公民咖啡館與公民共識會議的7個國內外案例經驗，詳實記錄其發展過程、舉辦模式、核心精神與最後的成效影響力。

公民咖啡館
世界咖啡館的原創經驗

探索、反思、
回饋、行動的匯談循環

里登戈島，位於斯德哥爾摩郊外，島上正舉行著一個戶外晚宴，大帳棚下設有十多張餐桌，令人好奇的是，每上一道菜，客人就更換一次座位，他們興致高昂地討論著生活與工作上所面臨的重要問題。其實，當中有許多人並不認識彼此，然而，卻不影響他們交談的熱烈氣氛。這些客人，是飛利浦（Philips）瑞典分公司的主管、員工和廠商，而他們正在共同體驗一種奇妙的匯談方式──世界咖啡館。

某全球消費性產品公司裡，來自三十幾個國家的主管利用世界咖啡館模式，整合出全新的全球行銷策略。

墨西哥政府以及企業領導人，曾把世界咖啡館運用在他們的策略規劃裡。

六十多個國家的地方社群領袖，曾在斯德哥爾摩科技賽會（Stockholm Challenge，相當於科技界的諾貝爾獎）期間，參加世界咖啡館對話。

惠普科技更曾利用它，大幅降低全球各地製造廠的意外事故。

自1995年世界咖啡館踏出第一步以來，全球六大洲超過數以萬計的人，都曾參與過世界咖啡館匯談（World Cáfe dialogues）。

全球華人競爭力基金會董事長石滋宜指出：「當今科技創新越來越困難，類似愛迪生或愛因斯坦這類運用個人天賦的創新將越來越少，反而集合眾人的智慧創新，才能突破技術的瓶頸。但，如何才能匯集團體的智慧？」

■世界咖啡館讓不同身分、層級的參與者在當下能共同思考，匯集集體創造力。

大企業、社會組織，至政府部會；企業主管與員工、政府與民眾，相互之間最大的挑戰就是：如何做出有效的溝通，如何有效地進行有意義的對話，在技術上即面臨相當大的挑戰。至於要推動資訊分享，做到有意義的匯談，達到匯集群體智慧的成果，更是天方夜譚。

世界咖啡館應運而生

1995年，世界咖啡館的形式在華妮塔‧布朗（Juanita Brown）和他的伴侶大衛‧伊薩克（David Isaacs）家中舉行的一場策略性對話（Strategic dialogue）中意外產生。

約24名來自不同國家的企業與學術領袖，來到他們位於美國加州的家中，參加一場主題名為「智慧資本的策略性」（Intellectual capital）的策略性對話。由於當天下雨，原本規劃的場地無法順利進行，於是大衛靈機一動，在家中起居室裡擺了幾張小桌子，原意本是讓賓客在到齊前，先到的人可以拿著咖啡，圍著小桌子先聊聊，並鋪上白色畫紙取代桌巾。由於乍看之下，很像咖啡廳的擺設，主人索性模仿咖啡廳，在桌上擺上鮮花、放上蠟筆，營造舒適的氣氛。

接下來的幾個小時，奇妙的事自然地發生了。由於各桌的討論氣氛熱烈，一位成員提議，何不每一桌只留下一個主持人，其他人換到別桌，順便把原桌的想法帶到別桌，與其他桌的內容相結合。於是，大家開始換桌，並把匯談的重點記錄在桌巾紙上。最後大衛把各桌的桌布攤開擺在起居室的地板上，所有人圍著桌布瀏覽各桌紀錄，並試圖從中找出關聯、主題或深度見地。

因為那次的對話經驗，世界咖啡館的影像開始浮現，成為一種核心象徵，當年與會的各國人士紛紛開始運用簡單的方法進行實驗，在不同的場合舉辦各種不同主題的咖啡館對話，慢慢地逐漸擴散到大型跨國企業，以及世界其他地區的各種組織。

其實，如何有效進行團體匯談，匯聚團體智慧，進而促進組織成長與進步，多年來一直是世界許多研究組織學習人士的重要課題，而世界咖啡館的匯談模式，提供了一種有效的執行方法。換言之，「世界咖啡館」是「深度匯談」（Dialogue）的一種具體展現。

至於這個模式，後來在世界各地同時發展進行，由於透過顧問公司對國際大企業或大型社會組織的輔導，逐漸被接受。但是，中心思想相同，執行方式與設計方式因人、因地、因組織而異，爾後衍生出不同的名稱。

世界咖啡館的基礎前提

尊重獨特的貢獻

連結各種想法

仔細聆聽其中端倪

注意其中更深層的模式與問題

麻省理工學院（MIT）教授彼得・聖吉（暢銷書《第五項修練》的作者）在MIT校園建立學習實驗室，研究推進組織變革的方法論，其中最重要的精神就是：「深度匯談」。他認為，一個企業或社會組織未來發展的成敗，在於能否進行有效的深度匯談。

彼得・聖吉曾表示：「世界咖啡館對話，是我見過最能幫助我們體驗集體創造力的一種方法，我想不出有什麼其他共同思考流程可以像它一樣，既能用在主管的閉門會議；年度企業預算規劃和千人集會。也能用在社群集會裡，群聚一群互不相識的人，共同探討我們想為孩子們創造什麼環境。」

以「對話」為核心流程

要在新的經濟體裡做好管理，只得改變程序，也要改變心態。對話是工作者用來發掘自我所學，與他人分享所學，並在分享過程中為組織創造新知的一種方法。換言之，在新的經濟體裡，對話已經成為最重要的工作形式。

然而，對多數領導人來說，要他們把重心放在「人與人」的對話上，甚至把它當成一種可用來達成目標的重要手段，恐怕得先幫他們徹底洗腦一下。而大部分傳統的會議流程，多正式而嚴謹，不是請主講人，就是由專家小組座談，台上台下問答，屬單向的資訊分享，主講人與現場來賓少有真正交換意見的機會。

世界咖啡館的設計，是讓數十人或數以百計的團體，在大型座談的架構下，

以4至5人為一組的方式展開輪番對話。並採取肯定式探尋法（appreciative inquiry）規劃出多個回合的議題討論（提問），鼓勵參與者分享個人想法、積極聆聽，逐步在對談社群當中，探索多元觀點背後更深層的模式與問題。在對談回合的後半段，則引導參與者從集體智慧當中形成集體行動方案。

　　它顛覆了傳統會議中「坐而言」，然後再「起而行」的單線關係。而是，刻意在匯談過程當中，即提出反思和行動的循環，讓整個匯談動態地呈現反思、見地、收成、行動規劃的循環。並鼓勵在行動規劃之後，以實際行動執行，最後再透過發起下一場次的匯談，進行意見回饋與評估檢討。

傳統會議觀念 VS. 世界咖啡館新興觀念

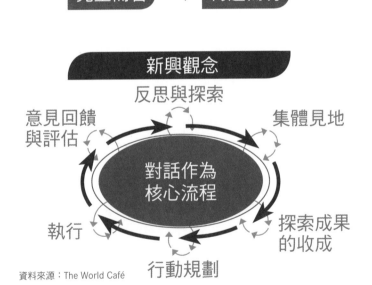

資料來源：The World Café

設計一場成功的世界咖啡館對話

　　想舉辦一場成功的世界咖啡館對話，並不是擺好幾張桌子，把與會者分配上桌，讓他們開始輪番對話，即可產生奇蹟式的成效。真正重要的是一些看不到且精心設計的細節。世界咖啡館的參與者，歷經多年的研究，整合出7點世界咖啡館的設計原則，這些原則不僅是主持世界咖啡館的關鍵方法，也適用在主持任何形式的對話討論。當然，要想取得集體智慧，還是得先想清楚世界咖啡館的模式，適不適合這個團體、這項議題。並且要有足夠的時間來規劃這場對話，同時要整合運用咖啡館的7點設計原則，缺一不可。以下就設計一場世界咖啡館的兩關鍵步驟詳加說明。

Step 1. 先決定適不適合採用世界咖啡館模式

不適合採用世界咖啡館的情況：

1. 對於要找的對策或答案，其實已經有了腹案。
2. 只想做單向的資訊傳達。
3. 正在製作詳細的執行計畫與作業任務。
4. 只有不到90分鐘的時間可以進行。
5. 可能遇到極端對立與火爆的場面。（這種情況下，主持人需要很高超的技巧。）
6. 與會人數不到12人。（在這種情況下，可以考慮採用匯談圈。）
7. 只想直接會商或找其他利用真正對話的傳統辦法。

世界咖啡館對話適合以下目的和情況：

1. 期待分享知識、激發創新思維、建立社群，以及針對現實生活裡的各種議題展開可能的探索。
2. 欲針對重大的挑戰和機會點，集思廣益。
3. 讓首度碰面的人可以展開真正的對話。
4. 為現存團體裡的成員們建立更好的關係，讓他們對團體的成果有認同感。
5. 在演說者和聽眾之間創造有意義的互動。
6. 當團體人數超過12人以上，而又希望每個人都有充分發言的機會。世界咖啡館尤其適合小型團體的親密對話，與大型團體的分享學習樂趣。
7. 至少有90分鐘以上的時間可以舉辦咖啡館時（兩小時更理想）。

Step 2. 整合運用七點設計原則

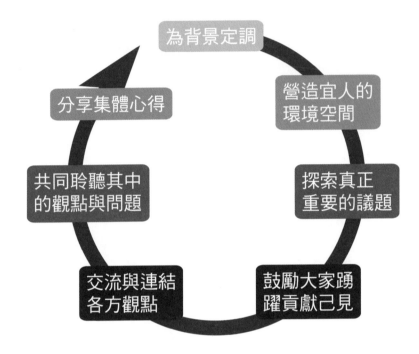

為舉辦世界咖啡館背景定調

　　世界咖啡館畢竟不同於傳統的會議形式，遂有必要在集會現場再次定調背景。通常會選擇在對談中的幾個關鍵時刻，由主辦者再次提醒，是基於什麼情況或問題，才把大家集合在一起。另外，也必須在現場強調，這種新的對話方式可以帶來互動性學習，這對催生個人與集體意義的對話脈絡來說，有十分重要的影響。在為背景做適當的定調時，必須要注意3項元素：目的、與會者及外在因素。

　　必須先釐清的目的有：瞭解現況、檢討設計前提、說清楚為什麼要舉辦咖啡館的初衷（偉大原因），並儘可能釐清各種可能的成果（不是預設結果，而是先預想最好的可能成果）。與會者的經驗與見解是否足夠多元化，攸關挖掘新觀點取得集體智慧的成效，例如，舉辦一場以地方社區未來教育走向為主題的咖啡館對話時，除了邀請教師、家長和學校行政人員之外，很重要但卻常被遺忘的——各年齡層的學生也應該包含在內。至於決定會前的準備作業、會後的後續作業，找到適當地點、做好必要的資源調度與安排等則屬於外在因素。

營造宜人的環境空間

成功的咖啡館對話，必須有一個「對」的環境，才得以讓與會者敞開心胸，進行對話。如果環境能夠讓與會者感受到溫暖、友善以及信任，將幫助他們勇於面對問題，產生創意。大部分的會議都是因為環境安排的不妥，而使合作成果大打折扣，若要讓整個會議氣氛變得活潑，更具互動性，設計者必須要有創意。

世界咖啡館的創意場景不一而足，有可容納上千人的飯店大廳，也有只能容納十來個人聚會的溫馨小客廳。舉例來說，沙烏地阿蘭可石油公司為了帶動管理團隊中的七百多名員工，在公司的機棚內設計了一場大型咖啡館。除聲光設備，在牆上裝設多重螢幕，並搬來數百張阿拉伯地毯，將機棚改造成具中東風味的舒適咖啡館，地毯也具有吸音的效果。另一場在沙漠舉行的大型咖啡館，則邀請所有與會者聚集在星空下的紅色沙丘下，分享舉世聞名的沙漠夜景，這會令人感到撼動，非常有力量，是早期咖啡館會談的高潮之一。

探索真正重要的議題

咖啡館對話的倡議者，也是現任美國菲利普莫里斯（Philip Morris）公司執行長表示：「發展策略就像淘金一樣。只要你能找到那個『偉大的提問』，金子就藏在裡面。這種提問是一種貨真價實的策略性提問，可以引出眾人的能量以及朝未來前進的學習力。」

把共同注意力集中在聚焦的提問上，且彼得・聖吉認為，這答案和對話的人個性與聰明才智無關，反而和對話裡的核心問題品質有關。如果咖啡館無法針對真正核心和有意義的問題展開對話，只會流於機械化的交談、移動和回報等作業流程。它無法產生能量，也無法帶動高潮。一個有力的提問必須具有以下特點：

1.簡單明瞭。
2.能引人深思。
3.能釋出能量。
4.能集中探詢的焦點。
5.能讓我們嗅出其中的基礎前提。
6.能開啟新未來的種種可能。

咖啡館的規矩
把注意力放在真正重要的事情上！

提出
你的想法與經驗

聆聽
和理解

連結
各種想法

盡興
塗鴉
畫畫

共同聆聽
其中的模式、觀點，
及更深層的問題

資料來源：The World Café

鼓勵大家踴躍貢獻己見

要達到最佳的互動效果，在咖啡館的場合中，尊重和鼓勵每個人的獨特貢獻十分關鍵。主持人必須讓與會者了解，咖啡館的目的不是為了批評，而是為了貢獻。讓與會者清楚感受到，每個人都有他可以付出、自願承擔和服務的地方，比強調「個人參與」更有感染力與說服性。這中間的微妙差別是，強調「個人參與」，會變得過度突顯自我：我在發表我的意見、我在發聲、我在參與。

相反的，強調「貢獻」，則能在我和我們之間創造一種連結關係。除了可以促進知識的創造之外，自然會形成一種結合的氛圍——人與人之間的彼此結合，以及與大我的結合。

交流與連結各方觀點

在連結不同想法時，主持人的技巧格外重要。因為主持人的創意將關係到對話的有趣與否，以及能否達到體驗集體智慧的目的。世界咖啡館用來交換人們構想的首要方法（注意：這不是唯一模式），是讓與會者在反覆進行的對話回合裡不斷移動座位，大約是20至30分鐘換一次。完成一回合之後，通常會留下一個主持人，待在原桌歡迎新入座的來賓，分享這一桌在前一回合對話裡的內容重點，並引導新一回合的發言與討論，其他來賓則繼續前往其他桌次，分享和收集集體想法。

此外，像異花授粉式的交流意見，也是世界咖啡館的模式之一。這個觀念是由查爾斯·賽維吉（Charles Savage）提出，稱為動態組隊和知識築網（dynamin teaming and knowledge networking）。這個方法，是經過第一回合的4人桌上對話後，在第二回合，一號桌的2名成員，各自移到二號桌和三號桌，另外2名留在原桌，負責和新到的成員分享之前發展的觀點，新到的成員的任務是幫忙改良這些點子，提供更多創意。到了第三回合，人們各自回到最初的桌次，分享他們從別桌學到的方法，豐富原有的思維，並謹慎考慮如何將它們結合。

■世界咖啡館有助於交流，聆聽及連結各方觀點。

共同聆聽其中的觀點與問題

在知識的創造過程中，一定要注意其中的模式與連結。要想發掘出新的知識，就得靠這種動態聆聽。咖啡館主持人需要鼓勵與會者注意聆聽別人觀點中的見地、模式與核心。要他們串聯或構築共通的想法，千萬不要漫無目標或是離題。若現場意見紛陳，可以適時停頓，讓大家有充分時間加以沉澱，理出新頭緒。

「反思」則是世界咖啡館裡一項重要的實作。注意力聚集，再加上集體反思事件的核心本質，可以使整個團體開始注意聆聽，並理出最完整的東西，領會其中的模式、主題及更深層的問題。主持人必須在人們移動桌次、情緒高昂時，適時提醒大家放慢腳步、適度進行反思，否則很容易失去對話的深度。例如，如果在大自然的環境中對話，在進行深入探索之前，可以先鼓勵成員獨自到外頭反思適才的對話內容。

分享集體心得

集體心得的收成與分享有兩個重點。第一，用心收集各種見地非常重要，要把每位與會者的貢獻當成集體智慧的一部分，慢慢織出條理分明的全貌，這將會是最基礎的工作。第二，有效的策略性對話是由栽種種子、收成果實、去蕪存菁地留下新種子、栽種到新的土壤裡不斷循環的過程所組成。

最好經過幾個回合的對話之後，再進行全體對話。這種大會式的對話，不會有正式的報告或總結，而是提供一個空間讓大家共同反思。可以請會場中任何一個人簡單分享，對他們來說最有意義的觀念、主題或核心問題是甚麼？並鼓勵大家仔細回顧與反思前幾回合的對話，哪些是我們關切議題背後最重要的價值，以及從對談過程中我們學習到什麼？

請務必把重要的見地以看得見的方式記錄下來，或者收集再張貼。若怕有遺漏，可請每位與會者在貼紙或卡片上，寫下一個核心想法或見地，然後全數張貼出來。

結語

　　反觀臺灣，近年來，國內政府單位與民間企業也陸續借鏡世界咖啡館的模式，以利推動組織對話。其中，環保署於2012年舉辦的兩場大型公民咖啡館對話，特別值得矚目。

　　過去，環保署與民間環保團體的對話，一個擦槍走火，很容易就會出現對立衝突的場面，讓會議氣氛陷入緊繃，無法達成有效的溝通、匯聚共識。加上傳統封閉型的會議，經常把環保團體排除在外，更增添了彼此的不信任感，升高對立。鑒於此，針對「全國氣候變遷」、「低碳永續家園」等攸關國家永續發展的議題，環保署決定參考「世界咖啡館」的對話模式，推動臺灣版的「公民咖啡館」與「專家咖啡館」，匯聚各界想法，作爲未來政策制訂的重要指標。環保署舉辦的公民咖啡館，邀請產官學界人士共襄盛舉。與會者多認爲比起傳統會議，咖啡館對話確實更能獲得傾聽、充分討論與匯聚意見的效果。雖然，這兩次咖啡館仍有些許改進空間，但是環保署能爲改善與各界的對話跨出第一步，獲社會各界肯定。

參考文獻／
・高子梅 譯（2007）。世界咖啡館。臺北市：臉譜。
・J. Brown, D. Isaacs & World Café Community. The World Café: Shaping Our Futures Through Conversations That Matter.
・The World Café. http://www.theworldcafe.com/index.html

公民咖啡館
全國氣候變遷會議

民間官方雙桌長
建立良性互動

公民咖啡館負有集群策之力讓議題發酵的效能，以2012年5月19日舉辦的「全國氣候變遷會議」來說，不僅採兩階段執行的方式，參與規模也為歷來之最。在此次熱烈討論中，更採用少見的「雙桌長制」，以民間與政府機關各派出一名代表作為桌長，再加上馬英九總統親自蒞臨，讓此次公民咖啡館經驗成為最經典的案例。

全國氣候變遷會議

週六的臺北市處處可見悠閒，一會兒可見行人三三兩兩並肩談笑而走，一會兒可見一身勁裝的單車族正悠活騎著單車穿梭大街小巷，洋溢周休二日的歡愉氣氛。不過2012年5月19日這個星期六，主婦聯盟環境保護基金會陳曼麗董事長起了個大早，今天的她少了慢慢品味臺北街頭的閒情逸致，她必須在9點之前趕到位於和平東路的臺灣師範大學體育館。

這一天的體育館沒有任何比賽，不過館內卻擺滿一張張圓桌，人潮不斷湧入，讓原本靜謐的體育館頓時熱鬧了起來。原來，體育館的重頭戲，是「全國氣候變遷會議」將要登場，這場攸關國內氣候變遷舉辦的全國最大規模會議，共有約500位民間團體及政府相關部會代表出席，會議形式是以國外行之有年的「世界咖啡館」方式呈現，共分61桌，而陳曼麗董事長正是在第28桌次「在氣候變遷下的糧食安全政策」的討論議題上擔任桌長角色，負責穿針引線，引導並掌控桌員的談話氛圍。

其實，自1990年起，由3,000位專家所組成的聯合國政府間氣候變遷專家小組（IPCC），在發表長達千頁的報告中就指出：「全球暖化的結果亦會直接與間接影響全球經濟。21世紀氣候變遷可造成地球發生大規模或無法回復的變化，而這些變化將會造成全球性災難。」由此可見全球氣候急遽變化，所導致的未來影響將無遠弗屆，狀況令人擔憂，臺灣身為地球的一分子，當然無法置身事外，對於「氣候變遷」這嚴肅又多面向的課題，需要儘快找出因應與解決之道。

因此，在2010年4月22日，也就是地球日40週年，馬英九總統在與民間環保團體朋友見面時，表達贊成召開全國氣候變遷會議的看法，並且將籌備工作交由環保署執行，打算召開多次籌備研商及專家諮詢會議，共商有效結合政府、企業及民間組織等各界力量，妥適面對氣候變遷所帶來艱鉅挑戰的做法，並蒐集及界定臺灣面對全球氣候變遷的61項關鍵議題，期能有助於提升全民氣候變遷意識及促進節能減碳推展，進而增進公私部門合作交流的管道。於是，便有日後召開「全國氣候變遷會議」的規劃，並以納入多方意見的公民咖啡館方式執行。

開啟官方與民間的良性溝通

傳統思維中，政府公部門慣以「由上而下」提出政策，這種「封閉型會議」的特色，因少了與民間直接溝通的管道，容易產生在政策制訂時，出現思慮不夠周延的情況，加之環保團體經常認定官方不願意採納民間意見，衝突時有所聞。環保署透過公民咖啡館形式，秉持公開參與和有效溝通的原則，藉由各界意見領袖的廣泛參與，透過對話共商，形成「由下而上」的共識，不僅能蒐羅多元意見作

為政策制訂參考，也讓官民取得良好的溝通管道，消弭了不少誤會衝突，這也是傳統會議無法達成的效果，由此更可見公民咖啡館實行之必要性。

「主婦聯盟長期參與環保議題已經二十多年，早從1992年聯合國永續發展高峰會開始，我們便已關注氣候變遷與永續發展的相關議題，一直沒有缺席，這次臺灣引進聯合國重視的氣候變遷課題，一方面是出於國際發展趨勢，另一方面則是為國內帶來進步的發展動力，環保署若要舉辦這種會議，大家都是予以肯定並鼓勵的。」陳曼麗董事長直言，長期以來，包括主婦聯盟在內的眾多非政府組織（NGO），對環保署推動的事務都有密切注意、倡議與監督，但早期環保署和NGO的意見較少有交集，經過多年努力，NGO的倡議逐漸受到政府單位重視，因此只要有機會，NGO都樂於以各項管道提出見解與政府溝通。

事實上，過往環保署與NGO在對話時，有時溝通並不算順暢，環保署管考處蕭慧娟處長指出，以前傳統會議形式都有「由上而下」制定主題、關門討論的特性，而這次「全國氣候變遷會議」在環保署葉欣誠副署長的主導下，採用國外「世界咖啡館」形式，找來各界人士共襄盛舉，便有打破上對下的單線溝通，甚至有廣納意見的優勢，讓與會人士耳目一新。

■全球暖化的結果就會直接與間接影響全球經濟。

世界咖啡館的運用與改良

　　所謂世界咖啡館（World Café）是透過小組匯談的會議形式，會場由許多圓桌組成，各桌各有不同的討論主題，由一「桌長」主持與帶領，每桌容納5至6名與會者，每回合討論進行20至30分鐘，結束後桌長和紀錄員以外的與會者換桌討論另一項主題。在人數眾多的場合，不斷的換桌可以讓與會者聽見來自不同背景的各方想法，形成會議最大共識。在討論中，可以帶動同步對話、反思問題、分享共同知識，甚至找到新的行動契機，比起傳統議事，往往能獲得更多共鳴，而且少了劍拔弩張的氣氛。

　　陳曼麗董事長表示：「公民咖啡館談論方式輕鬆，主要是因為每討論完一輪後，會有15分鐘的休息時間，這段時間大家可以走動、換桌、喝咖啡和享用小點心。而且採用圓桌，彼此可以看到對方，不會太嚴肅，最重要的是每個人的發言時間有限，不用帶著厚厚的檔案來辯論，沒有像打仗的緊張氣氛。」她進一步強

全國氣候變遷會議流程

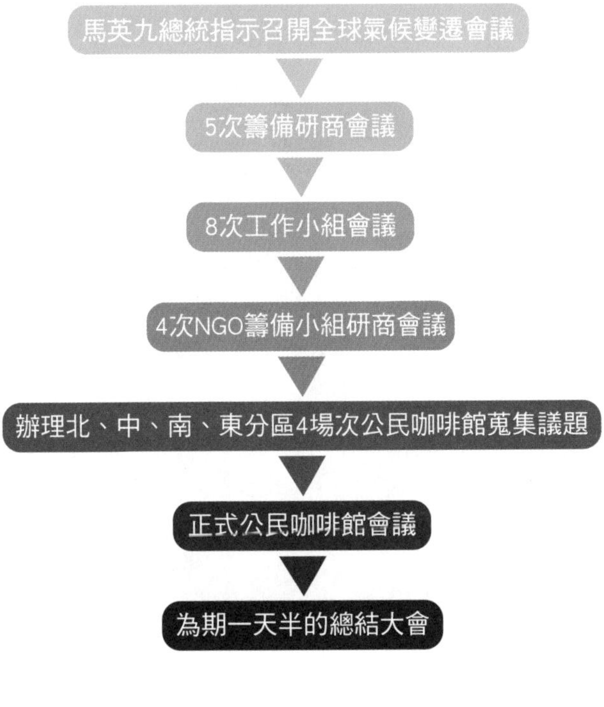

馬英九總統指示召開全球氣候變遷會議

↓

5次籌備研商會議

↓

8次工作小組會議

↓

4次NGO籌備小組研商會議

↓

辦理北、中、南、東分區4場次公民咖啡館蒐集議題

↓

正式公民咖啡館會議

↓

為期一天半的總結大會

調，公民咖啡館在國外行之有年，是收集多元意見的一種途徑，比起過往封閉式的開會方法，與會者只能被動接受邀請，若是以咖啡館的形式，任何人都能夠參加，有更多的自由與彈性。

既然有了進行「全國氣候變遷會議」的雛型概念，如何完整規劃這次會議便成了環保署極為重視的課題。為了讓會議更富專業性與代表性，環保署先是透過「由上而下（top-down）」的程序建立基本方向，邀集NGO及專家學者召開籌備小組會議。共計召開5次籌備研商會議、8次工作小組會議及4次NGO籌備小組研商會議。然後再以「由下而上（bottom-up）」的全民參與過程，辦理北、中、南、東分區4場次的公民咖啡館，以「全民參與」、「有效溝通」為導向，讓利害關係人（stakeholder）的意見均有管道受到討論與考量，期能建立社會各界的參與感。

最後經各界討論共識，「全國氣候變遷會議」以兩天半的系列活動進行，含公民咖啡館（於2012年5月19日在臺灣師範大學）及正式大會（於2012年6月5日至6月6日在集思臺大會議中心國際會議廳）；整體活動開幕式於2012年5月19日上午在臺灣師範大學舉行。

■全國氣候變遷會議公民咖啡館討論場景。

全國氣候變遷會議

關鍵議題的討論與設定

「雖然公民咖啡館正式大會只有進行1天半的時間，但事前籌備真的耗時良久，因為全國氣候變遷的主題太大，要決定哪些議題是國內關注的，是要經過討論的。」從籌備到落幕全程參與的蕭慧娟處長表示，當初在請環保團體對氣候變遷會議欲討論的議題提出建議時，各團體都各有各的看法，最後決定以公民咖啡館的方式來討論全國氣候變遷會議的議題，因此事前籌備會議就開了十餘次以求達成共識，而當時在臺師大擔任教授的葉欣誠副署長，便是統合意見的靈魂人物。

「當時還是學校教授的葉副署長，幫了環保署很多忙，包括時間掌控、進行流程都是由他主導，最後才能讓公民咖啡館順利進行。」陳曼麗董事長亦是從一開始便投入籌備過程的NGO代表，她也指出此次全國氣候變遷會議的討論議題，是由環保署與地方多次協調而來，特別徵詢了不少NGO，再經過歸納意見、統整與不斷討論，最後才能完成議題設定。

全國氣候變遷會議共設置了61桌，每桌一項議題討論，共計61項議題，在經過事前漫長的議題準備後，去蕪存菁，最後呈現內容包含「災害」、「維生基礎設施」、「土地利用」、「海岸」、「農業生產」、「生物多樣性」、「水資源」、「能源供給及產業」、「健康與環境教育」等9大面向，分為4大群組：第1群組為災害、維生基礎設施、土地利用、海岸；第2群組為農業生產、生物多樣性；第3群組為水資源、能源供給及產業；第4群組為健康與環境教育。

公民咖啡館正式啟動

當日活動與會約580人，分別為NGO代表、政府官員及產學代表，每一圓桌成員包含桌長、桌員及1名專職紀錄員，紀錄員以條列方式歸納出要點，作為大會即時產出的依據。以往政府所舉辦的活動大多為單向性、以宣導政策為目標，此次會議擺脫以往僅由政府代表與專家學者形成決策的模式，改採貼近民意的作法，與民間團體結合溝通，整合總結參與者意見，讓各方盡可能充分表達想法及建議，使得政府部門不再是關起門來自己決策，更可汲取民間觀感，讓相關政策更易與民意一致。另外值得一提的是，有別於其他公民咖啡館舉辦的模式，全國氣候變遷會議當天最特殊的情況，莫過於「雙桌長制」的選擇利用。

雙桌長制的雙向交流

「依我過往參與公民咖啡館的經驗，都由政府部門主導。這次是由NGO參與籌

畫，既然是討論政府的政策制度，政府代表就不能只是由低階公務員參加，應該指派高階公務員來擔任桌長，全程參與，傾聽公民的聲音。因此我就建議桌長應該要由兩位擔任，一是民間代表，一是官方代表，而且官方代表層級不能太低，如此效果會更佳。」陳曼麗董事長指出，若是僅找環保團體擔任桌長，最後將結論形諸文字時，字面上呈現的效果無法讓官員感受公民咖啡館熱烈的研議氛圍，少了直接溫度的傳達，效果可能會打折扣，「你找來政府高層擔任另一名桌長，至少幾個小時都待在會場，可以聽到不同民間團體的聲音。」她強調，因為民間團體經常扮演烏鴉的角色，點出政府的問題與盲點，讓有些官員很擔心跟民間溝通，進而讓彼此互動關係保守，此回透過公民咖啡館形式，讓不少公務員走出辦公室，有機會與民間接觸，是絕佳的溝通管道。

桌長的關鍵角色

　　想讓公民咖啡館進行的流程順暢，進而帶動現場熱烈討論氣氛，考驗著桌長掌控流程的功力，同樣在這次大會中也擔任桌長的蕭慧娟處長表示，民間桌長遴選大多來自NGO報名、推薦；至於官方代表桌長則不限於環保署或環保局，依9大面向，由各相關部會推薦簡任級人員擔任，以符合全國氣候變遷跨領域的特色。

　　而每位桌長在事前須參加小型桌長會議，學習如何讓該桌討論主題聚焦不至流於漫談，尤其在每個回合50分鐘、共計3或4回合的討論時間裡，掌控節奏，讓每個人都有機會發言至關重要。陳曼麗董事長說：「第一輪我會均分桌員發言時間，若是對方想表達的意見過多，我會請他在回合結束前空檔，再針對未完的議題繼續陳述。」

　　陳曼麗董事長認為，身為桌長最主要的任務就是把各方意見做好歸納與收斂題目的功能，但她也指出，雖然桌長不能直接跳下來發表自己的看法，需謹守統整的角色，不過在開場時仍可用引言等議事技巧，將題目做簡單的詮釋，讓組員在討論之前，更能明瞭討論重點所在。而在討論過程中，每張圓桌上放有一大張白紙和數支各色簽字筆與麥克筆，供與會者隨手記下或畫下各式想法。此外，各桌配有一名專屬紀錄員，負責協助記錄討論要點，「雖然每桌都配有紀錄員，但為了避免紀錄員記下的重點會跟我們所想的有落差，我都會鼓勵大家在表達之餘盡量自行記錄，我同時也會寫下摘要，最後在整合報告時才不會失焦。」

■桌長在事前須參加小型桌長會議，學習聚焦討論主題並引導桌員發言。

桌長代表報告

　　大會在經過3回合理性溝通及專業的開放式討論後，會進行之後的桌長會議，各桌桌長會按照群組區分為4組進行再次深度討論。這時各桌紀錄員做的筆記即可派上用場，各組會安排1名紀錄員即時輸出桌長討論成果，同時，因為桌數太多，受限時間緣故，最終會按照4大群組的分類方式，由各組選出1名桌長代表，對在場所有與會者進行總結報告，分享腦力激盪的成果。

　　這4名代表分別為NGO臺灣綠黨發言人潘翰聲、主婦聯盟環境保護基金會陳曼麗董事長、綠色公民行動聯盟賴偉傑理事長，以及社區大學全國促進會高茹萍秘書長等，分別代表群組進行報告，讓61項議題獲得聚焦及完成共識結論的產出，「最後報告的四位代表就是『群長』，雖然報告時間有限，難免掛一漏萬，但報告主要是告知所有與會者而已，最重要的還是記錄，有記錄便是有所本。」陳曼麗董事長表示。

正式大會：國家元首聽取建言

　　在全國氣候變遷會議公民咖啡館圓滿落幕後，緊接而來，就是同年6月5日至6月6日為期1天半的總結大會，地點選在集思臺大會議中心國際會議廳舉行。當日活動主題定為「臺灣20XX：面對氣候變遷臺灣應該做的準備」，6月5日全天亦分4個群組討論，分別由NGO與政府各部會代表，就日前召開公民咖啡館的討論結果，報告

■正式大會時,馬英九總統親臨現場聽取總結報告。

具體的關鍵議題與建言,並提出針對我國因應氣候變遷應有的短、中、長期政策與作法;最後在6月6日時,馬英九總統親臨會場,聽取各民間團體代表的總結報告。陳曼麗董事長表示,國家元首的列席除了代表對氣候變遷會議的關注外,總統第一時間的聆聽亦能減少書面資料傳遞訊息時,可能產生的認知落差。

此次採公民咖啡館形式的「全國氣候變遷會議」,討論成果豐碩。4大群組都歸納出為數不少的有效結論。例如在第2群組的「農業生產、生物多樣性」方面,分別就制度上、政策上與教育上提出不同建言,如讓學校成立實驗農場,讓學生認識關心氣候變遷與農業上的關係;以及農地管制落實,不釋出非農業使用等多項建議。又如第3群組探討的「水資源、能源供給及產業」主題,參與人士也分別提出建構綠色經濟產業與電力需求零成長的建言,尤其是環保團體提出「電力需求零成長」的主張,在總統蒞臨當日,還受到總統的積極回應,甚至要求環保署與經濟部邀產業部門評估。這種由下而上、集思廣益的建言,便是公民咖啡館成效最直接的展現。

結語

從籌備研商會議開始，到接連不斷的工作小組討論，再至大會正式舉辦前北、中、南、東分區的4場次公民咖啡館蒐羅議題，最後再從龐雜的855項議題中，濃縮精選出61個討論主題，作為此次「全國氣候變遷會議」的商討事項，這一連串的流程，不僅凸顯出從發想到結論的冗長過程，更能看出社會各界菁英在恪盡公民責任時的無比熱忱。雖然公民咖啡館模式較之傳統會議來得耗費時日，但廣徵意見的範疇與影響力卻也遠遠超越。

NGO代表陳曼麗董事長也指出，政府作東舉辦公民咖啡館，當然希望匯集八方好漢，對NGO來說，因為是政府主辦，對它的期望當然比起其他單位來得更高。此回會議辦得聲勢浩大，但她並不希望最終流於大拜拜形式，加上每人發言時間有限，如何能適當表達內容又不流於形式，其實相當重要。「而且，我覺得環保署這兩年舉行公民咖啡館，主持、桌長皆是官方代表，某種情況下可能會有幫政策辯護的偏頗情況發生，或許日後舉辦大會的人由民間來主導，成效會更佳。」

陳曼麗董事長更進一步說明，公民咖啡館從一開始蒐集議題時便耗費不少精神，許多NGO也都樂於奉獻心力，因此對於辛苦討論出的結果，是否有列管追蹤、成為行政項目或施政細則更是至關重要。「重點是有沒有歸納，後來有沒有執行，後續應該要有追蹤，畢竟結論都有書面資料，正因為大家對政府有所期待，所以很介意結果。」她指出，全國氣候變遷會議議題牽扯廣泛，不單是環保署，各部會都應積極參與，縱使在協調落實上需時間磨合，但包括進度追蹤、後續處理，政府單位都應持續與NGO保持適當聯繫，才不會讓各界熱心參與人士有疑慮。

對於NGO的期待，環保署也樂見其成。其實，不只有環保署定期運用公民咖啡館的機制，提升公民參與機會，創造匯集全體智慧的平台，現在公民咖啡館的舉辦越來越普及，許多行政機關、學術單位至民間社團也都有運用類似的作法。未來，若民間環保團體願意主動召開公民咖啡館，或是與環保署共同合作規劃辦理，相信將會獲得更不同的收穫。再者，所有公民咖啡館舉辦後的結論資料，後續也都透過媒體、網站公開，並列為中央及地方環保行政機關制訂相關決策時的首要依據，只要需求更進一步的研議分析，行政單位也會適時向專家學者或NGO請益，讓公民咖啡館的集體智慧真正被落實運用。

參考文獻／
• 全國氣候變遷會議—臺灣20XX面對氣候變遷臺灣該做的準備。環保署，http://unfccc.saveoursky.org.tw/nccs/
• 全國氣候變遷公民會議資訊平台。環保署，http://unfccc.epa.gov.tw/epacafe/index.html

公民咖啡館

低碳永續家園會議

跨界（領域）代表匯民意
建構低碳新生活

本案會議全名：低碳永續家園運作機制與評等認證行動項目專家咖啡館論壇系列會議 全體大會

打造「低碳家園」已是全球環保趨勢，臺灣接下來該從何落實，顯得至關重要！為了廣徵意見，環保署在2012年10月6日於臺灣師範大學體育館舉辦的「低碳永續家園會議」，以專家咖啡館形式齊聚500位包含NGO在內、積極推動環境保護的各界菁英代表，熱烈討論匯集多達206項行動項目共識，未來將作為全國由中央至各地方環保行政機關實踐低碳政策指導的參考依據。

低碳永續家園會議

國家高度工業化、都市化的成果，固然促進人類繁榮進步，但對環境破壞情形日益擴大，亦是不爭的事實。近年全球暖化與氣候變遷，導致天氣條件產生極端改變，加上人類活動急遽成長更加速傳統化石能源耗竭，已對地球生態、環境與經濟造成嚴重的威脅與衝擊。

於是，該如何對抗地球暖化、達到節能減碳的目的，成為現今世代，甚至是未來最重要的課題。世界各國對於降低溫室氣體排放，均已採取相關因應措施，身在臺灣的我們，當然不可能將自己排除於世界公民之外。因此，該怎麼推動綠色新政、落實生態永續，創造以低碳社會為主的福爾摩沙，肯定是刻不容緩的議題。

其實，早在2009年由經濟部主辦的「全球能源會議」中，便已提出打造「低碳家園」的目標，期許在十年之內打造臺灣4個低碳生活圈。只是如此浩繁之工程，並非一蹴可幾，不僅需要凝聚全民共識，更重要的是，需要有宏觀的角度來訂定完整的施行細則，且須具備因地制宜的政策方向，才有可能達到目標。

■匯集500位來自不同專業領域的專家代表齊聚一堂，為低碳永續家園的願景集思廣益。

　　想當然爾,單憑政府機關一方之力,肯定不易完成,且由上而下的思考方向難免掛一漏萬。因此,主管機關環保署,便引進國外施行已久的世界咖啡館觀念,導入產官學界意見,於2012年10月6日,以臺灣師範大學體育館為會場,在50桌共500人的參與下,進行以「低碳永續家園」為主題的公民咖啡館,在輕鬆的氛圍中,彙整各界想法,作為未來政策實行的重要參考。

公民咖啡館的經驗扎根

　　公民咖啡館概念,顛覆過往傳統會議中單線討論的關係,也設法擺脫傳統會議會而不議、議而不決、決而不行的傳統窠臼,在集體討論中提出反思、意見、規劃、報告,甚至落實實行,亦能增強會議效率。

　　環保署生態推動方案室鄒燦陽副執秘就極力推崇公民咖啡館的運作模式,他認為公民咖啡館最大的優勢,就是能夠集思廣益,且面面俱到,集合各個相關階層綜合討論,更重要的是可以暢所欲言,有疑慮、有想法,都可以立即提出,在充分討論下形成的成果,也能獲得更多人的認同,而非僅只是官方的單方想法。

　　在此次公民咖啡館會議中,代表學界、擔任「桌長」職務的宜蘭大學環境工程系李元陞教授也認為,傳統會議形式中,太多議題討論方式都是你死我活的環境營造,氣氛較為緊繃;公民咖啡館則不然,突顯的氛圍並不嚴肅,反而很輕鬆,在這樣過程中讓與會者更願意敞開心房、暢所欲言。

　　「會議不一定要像攻防戰一樣肅殺,像我當桌長時,每個桌員都感到非常輕鬆愉快。」李元陞教授笑說。事實上,為了讓參與者能夠沒有壓力的參與討論,會場布置了許多低碳意象的海報,並設置咖啡區與茶點區,甚至在桌子挑選上都刻意選用圓桌,而非有稜有角的方桌(方桌易有主客之分),種種貼心設計就是要讓會議氛圍輕鬆而自然。

　　環保署研擬的「低碳永續家園推動方案」中,羅列了低碳永續家園建構的十大運作機能,包括:生態綠化、建築節能、設備節能、再生能源、綠色運輸、資源循環、低碳生活、防救災與調適、法律與經濟財稅工具及社會行為與評比等多個面向,而究竟該怎麼完整建構這十大機能,則成為這次公民咖啡館討論運作的主題。

　　負責此次會議規劃與運作的是環科工程顧問公司周林森協理表示,這次公民咖啡館與國外舉辦的較大差異,是國外討論方式大多為天馬行空,沒有絕對的方向,但因應這次的規模與主題特性,為了擔心討論無法聚焦,內容過於五花八門,所以在每桌討論的大主題下,會再針對兩項特定條件做匯談,如「生態綠化

組」中，1號桌次議題為「建設水保設施」與「具名認養廣植綠蔭行道樹林推動方案」兩項，參與桌員皆依這兩個項目進行深度討論。

公民咖啡館標準作業流程

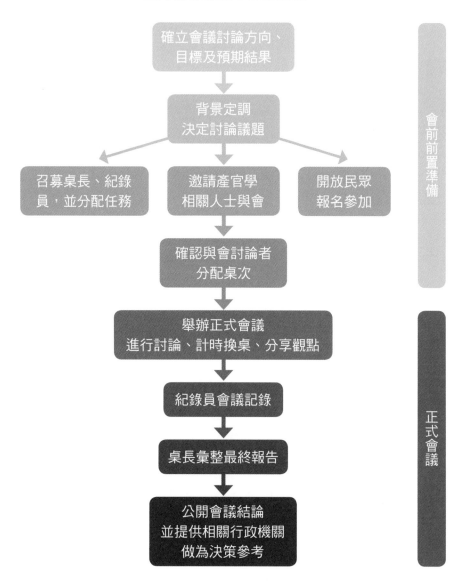

參與對象的遴選

「我們曾經有考慮邀請一般民眾參與，但這次『低碳永續家園』的題目比較專業，擔心民眾較難理解，所以後來便決定不開放。」周林森協理指出，當初排除讓普羅大眾參加的主因，便是擔憂民眾對於低碳議題的陌生，於是後來便有別於常見公民咖啡館的操作模式，僅邀請產官學界等相關人士加入，形成「專家咖啡館」的運作模式。

基層村里長共同參與　提供第一線經驗

「我們會找來環保署中央，以及北中南東四個地方相關領域的專家學者、NGO來參加，雖然沒有民眾加入，但環保署因為長期輔導了52個低碳社區，所以也邀請了社區的村里長來參與討論。」鄒燦陽副執秘在這次公民咖啡館中，擔任的是「桌員」的角色，他也表示村里長或許在低碳領域的專業並不足夠，但卻擁有第一線的工作經驗，邀請他們來參與公民咖啡館討論，極具參考價值。

而這樣將傳統的腦力激盪法和政策德菲法（Policy Delphi）轉型為更有彈性、更友善，且更能達成意見「匯談」、「對話」的咖啡館形式，再加上基層公務執行人員實際經驗分享地交互加乘效果，對創新意見答案將更有助益。開南大學公共事務管理學系柯三吉教授也表示，未來若能再進一步增加企業主參與則更為理想，因為這些企業主如能一同負擔社會責任，運用他們的資源，更能水到渠成。

官、學界與NGO代表交換意見

低碳永續家園公民咖啡館共開了50桌，以每桌10人計算，總共有500位人士來自社會各階層，在學界有各相關專業領域的教授，例如專長在水利、生態、防災、動植物等不同面向的學者；公部門更涵蓋了環保署、環保局、交通局、農委會、經濟部等中央與地方單位，另外還有NGO以及民間單位參與。

「在名單方面，NGO的部分，我們希望由他們自己推薦人選，環保署並不干涉；至於教授群，我們也會根據各領域遴選，比方談建築節能，就找來建築節能相關系所的教授。」此外，鄒燦陽副執秘也指出，公務員在每桌參加的比例並不高，然而除了可以聆聽來自各方的意見外，身為執行第一線，公務員可依職責領域提出可行與否的意見，「或許有些人提出構想不差，但法令限制並不可行，這時公務員在會議中便可發揮解釋及指引的作用。比方電動車的推行，像高爾夫球車在道路法規中並不能上路，立意雖好，實行卻有困難，這時就得在不違法的情況下思考其他方式。」

準備作業與運作機制

　　雖然公民咖啡館只舉辦一天，但從前置作業開始，就不是一項「簡單任務」，而是前前後後耗費近一整年的時間，方可完成如此大規模聚會的成果。其中，尤其在議題設定時最為費時，得花上大半年時間，更是公民咖啡館能否成功的重要關鍵。畢竟，一個好題目，能導向正確而值得的結論，換言之，如果議題設定錯誤，連帶讓整個桌次討論白忙一場，就枉費會議初衷了。

從地方到中央　逐步歸納議題

　　要在低碳永續家園的十大面向下提出議題設定，這工作並非由環保署單一認定，而是議題設定之初，在規劃出十大機能方向後，再經由公民咖啡館的會前會，擬定執行項目，藉由會議以及向學界及NGO請益，請對方針對欲參與討論的主題提出建議，等彙整完各方意見後，再去蕪存菁於每桌挑出兩道題目，作為當日當桌研討的大方向。

　　「前置作業真的非常重要，從議題剛形成時我就有參與，花了近一年的時間，像我主要負責的是『資源循環』主題，把題目提出後送至中央單位審核，有些題目適合地區討論卻不見得適合全國，因此決定題目真的至關重要。」李元陞教授強調。

■前置作業花了很多的時間與人力準備，共同討論出適合大會中討論的議題。

桌長的引導任務

議題設定不能馬虎、桌員選擇不能馬虎,但每桌最重要的靈魂人物「桌長」,更是不能隨意任之。公民咖啡館沒有絕對的模式,桌長可以透過任何方式帶領桌員進行討論,但充滿彈性中,桌長仍須掌握7大原則,即1. 為背景定調;2. 營造宜人的環境氛圍;3. 探索真正重要的議題;4. 鼓勵大家踴躍貢獻己見;5. 交流與連結各方觀點;6. 共同聆聽其中的觀點與問題;7. 分享集體心得。

應邀擔任桌長之一的森田園藝維護工程企業社陳嵩嵐董事長強調,桌長眼界要開闊,要謹守傾聽的本分而非發表意見,且不能夠過於嚴厲。「太嚴格,只會讓桌員顯得戰戰兢兢,桌長要懂得收斂,而且時間有限,要有效率,且每45分鐘就會進行桌員換桌,多餘的介紹或客套都要盡量避免。」

同樣擔任桌長的李元陞教授也同意,桌長雖然不能提供意見,但在氣氛掌控的拿捏上非常重要。桌長不宜過於強勢,否則可能導致桌員發言的機會不多,但也得注意不能讓同一人發言時間過長,壓縮了其他人的機會,而且必須掌握「只討論與主題相關意見」的原則,否則天馬行空的亂聊,是無法形成有效結論的。

■以圓桌進行的公民咖啡館,每桌都有固定匯談主題,且每45分鐘桌員就會進行一回換桌。

　　桌長必須秉持著中立的角色，需兼具聆聽者與穿針引線的功能。事實上，為了讓這次的會議流程更為順遂，負責掌握議題進行的環科公司，在大會進行前，事先即找來這50位桌長，進行模擬版的公民咖啡館流程。周林森協理說：「事先演練可讓桌長對流程有所了解，而且可從中發覺問題，像當時模擬桌長報告時，發現僅用簡單的表格排序結論，看不出效果，後來改以做成簡報的模式，成效更佳。」

　　比起桌員，桌長的工作顯得更加重要，甚至得犧牲更多自我時間的投入，陳嵩嵐董事長就表示，擔任桌長，必須要對社會有份使命感與責任感，有了這層認知，付出再多心力也不會在意。

　　與其他可換桌討論的桌員不同，桌長自始至終都得堅守崗位，最後討論結束時，桌長還肩負報告結論的使命。在這次低碳永續家園公民咖啡館中，桌長最後總結的報告時間，每人僅有5分鐘，在這麼短的時間內，如何表達該桌彙整的重點，也考驗著桌長的邏輯性與整合能力。

紀錄員的忠實記錄

　　在公民咖啡館中，除了桌長與桌員外，還有一個不容忽視的存在，就是紀錄員。紀錄員的工作看似單純，但能影響最終重點彙整時桌長報告的完整性。周林森協理指出，紀錄員須具備良好的邏輯性，必須將大家的意見整理得井然有序，刪減不必要的贅述，有時以文字、有時以圖表方式呈現，因此在選擇上亦不能馬虎，選出好紀錄員，統整結論時才能避免失真。

■無論是桌長或紀錄員，都肩負著使會議順暢進行的重要任務，因此事前準備和認知格外重要。

公民咖啡館結論的具體實踐

歷經近一年的籌備，低碳永續家園公民咖啡館在2012年10月6日正式進行，時間從上午10點一直討論至下午5點，50桌中共進行4回合討論。因分為十大主題，每個主題再分為5桌，每個桌員雖可以換桌，但不能脫離該項大主題的範疇。至於公民咖啡館進行的方式，是每張桌上會放上一大張白紙和各色簽字筆與麥克筆，作用是供給與會者隨手記下想法。

雖然為了不讓主題失焦，每桌都會訂定兩條「行動項目」作為討論主軸，但為了讓意見更具實用性，在桌員提出每項意見時，都會從技術可行性、財務可行性和行政可行性這三個角度來論述。經由不斷換桌、不同項目反覆討論，皆以此三面向作為發想探討，並了解有無地域性限制，最後再提出先後順序的結論提供環保署做為參考。

鄒燦陽副執秘表示：「低碳永續家園因地制宜的觀念很重要，以再生能源來說，中南部日照強烈，比較適合太陽能發展；若是換到新竹，或許風力發電更為合宜。針對不同地方的特色就該以不同方式配合運作，交互討論下便能產生更多可施行的項目。」而經過一日4回合的換桌討論，最後依十大運作機能組別，各組推舉一名桌長代表進行總結報告，一共歸納出206個行動項目，成果相當豐碩。

有了初步成果，接下來，便是公民參與的落實執行。低碳永續家園公民咖啡館經過產官學界集思廣益的206項結論，以及相關成果與內容都建檔在環保署「低碳永續家園資訊網」中，提供各縣市政府方案推動小組作為參考，而這匯集大家創意激盪出來的想法，也將成為政策指導的各種選項。另外，因低碳概念橫跨多個領域，觸及生活各層面，環保署也建議地方政府推動小組的召集人層級越高，執行相關項目效率就會越卓著。

除了鼓勵地方成立政策推動小組外，為了讓全國小至社區、大至政府動起來，環保署還計畫設計一套評等認證項目，藉此鼓勵地方根據公民咖啡館之結論，選擇適宜的項目落實執行。「在十大主題下，環保署會先各選出前10名，這100項可以優先推動，當然，可能不是每一項都可以執行，地方可以自行選擇，發展出屬於自己的特色。」鄒燦陽副執秘強調，當一縣市或是社區展現成果後，其他地方可以跟進甚至改良，在良性競爭下，推廣低碳永續家園便能達到事半功倍的效果，而評等評分，便是最好的依據。

結語

　　此次低碳永續家園公民咖啡館獲得社會各界的肯定，咸認比起傳統會議，更能獲得傾聽與充分討論的結果。不過在良好的制度下，仍有少部分改進空間，可作為下回公民咖啡館的參考。

　　鄒燦陽副執秘便建議，若有機會針對低碳議題再進行一回公民咖啡館，他會希望能吸納更多層面的對象來參加，尤其是企業團體，因為比起民生減碳，工商企業的減碳效果往往一家就能抵上上百甚至上千個家庭，效益會更大。而李元陞教授則認為，未來公民咖啡館模式，若不透過公部門來舉辦，而是由第三者像是NGO來主導，或許也能產生不同的火花，值得大家期待。

低碳永續家園資訊網http://lcss.epa.gov.tw/Default.aspx

公民咖啡館

臺灣2050年
零碳及再生能源
百分百可行性及
必要性全民論壇

開啓雙向溝通
構築全民共識

臺灣2050年零碳及再生能源百分百
可行性及必要性全民論壇

環保署於2012年以公民咖啡館形式舉辦「全國氣候變遷會議」,獲得減碳乃刻不容緩之共識,而未來能否純以再生能源運用達到零碳之目標?於是2013年5月18日召開的「臺灣2050年零碳及再生能源百分百可行性及必要性全民論壇」,再次以公民咖啡館作為起始,以2050為最終進程,融合公民參與、專家代理與情境參數設定等多階段方式,共同擘劃零碳可行性的未來。

臺灣高度仰賴國外能源進口，超過九成八的初級能源來自境外，對化石燃料使用量高，產生大量溫室氣體，讓我國人均溫室氣體排放量達每年約12公噸，為全球平均值的3倍，彈丸之地的臺灣在溫室氣體排放量就佔了全球近百分之一，且面臨因人為溫室氣體排放衍生的氣候異常及海平面上升等衝擊。

臺灣對氣候變遷威脅的急迫性不容忽視，如何減碳並開發新再生能源的需求呼聲日益增高，成為刻不容緩的目標。但臺灣有沒有可能在2050年實現百分百再生能源的目標？在這樣的期許下，便有醞釀全民論壇來凝聚共識的想法，為擴大全民參與討論零碳排放與再生能源議題，環保署在2013年5月18日以公民咖啡館的形式，舉辦「臺灣2050年零碳及再生能源百分百可行性及必要性全民論壇」，邀請學者、專家、產業代表及民間團體共300多人出席，場面盛大。能順利落幕，除了歸功於公民咖啡館的運作模式外，在2012年舉辦的全球氣候變遷會議奠基下的成功典範，亦是讓此回運作更為順利的主因。

有著公民咖啡館意涵的「臺灣2050年零碳及再生能源百分百可行性及必要性全民論壇」，如同集合產、官、學界與民眾意見之大成，它的定位既有匯流意見

全民論壇定位

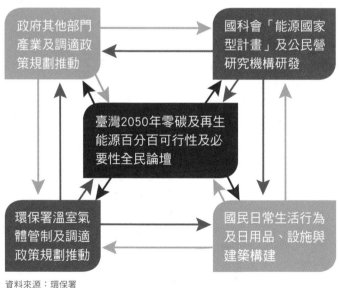

政府其他部門產業及調適政策規劃推動

國科會「能源國家型計畫」及公民營研究機構研發

臺灣2050年零碳及再生能源百分百可行性及必要性全民論壇

環保署溫室氣體管制及調適政策規劃推動

國民日常生活行為及日用品、設施與建築構建

資料來源：環保署

的意義,更有從結論中反饋至最初的雙重內涵。這樣的全民論壇,集合環保署、政府其他部門、產業、公民營機構與公民的參與,藉由溝通討論之後,發想出有所交集的結論,最後這些結論,再如同鮭魚洄游般,依此制訂政策或形成社會共識,達到實行的效果,良性循環,正是全民論壇的定位。

「全球氣候變遷會議」奠基成功典範

　　追溯「臺灣2050年零碳及再生能源百分百可行性及必要性全民論壇」的由來,得從全國氣候變遷會議開始談起。此次參與會議的NGO重要意見領袖、社團法人魅力臺灣推廣協會潘翰聲執行長表示,每年4月22日的地球日,環保團體都會與總統見面提出呼應及訴求,而建議進行跨任期、跨黨派的「氣候變遷國是會議」,便是由他提出。後來馬英九總統承諾舉辦,於是在官方與環保團體多次討論下,便有了全國性、但非政治性規格的研議方向,在此框架下舉辦「全國氣候變遷會議」,並引進世界咖啡館方式進行。

■公民咖啡館,讓所有與會者都能根據設定主題暢所欲言,表達公民立場的意見。

恩吉歐社會企業有限公司高茹萍總經理，是當時舉辦氣候變遷會議的重要核心人物，她認為由下而上的公民咖啡館機制，是凝聚共識很好的途徑，「我們向馬總統反映，與其讓環保團體在外面拉布條進行抗爭，倒不如用一種可以聽到人民聲音的方式進行公民參與，後來馬總統允諾並責成環保署負責，才有後來『全國氣候變遷會議』的公民咖啡館。」

有別於傳統閉門會議的方式，環保署在2012年舉辦的全國氣候變遷會議，採用開放式的公民咖啡館模式，這對政府機關來說，亦是十分新鮮的嘗試。環保署溫減管理室簡慧貞執秘指出，沈前署長期以來對環保團體的聲音十分重視，採用公民咖啡館是要以軟性的方式來進行理性對話。簡慧貞執秘說：「我們找來環保團體領袖，議題由他們來訂定，環保署不會主導桌員安排，讓NGO自己來挑選，再藉由3回合的換桌討論，讓大家都能聆聽不同的聲音。」

經過數次的事先討論與議題設定，2012年5月19日舉辦的全國氣候變遷會議，以及之後6月5日至6月6日馬英九總統親臨的總結大會，都獲致高評價的成功。也因為此次經驗，讓環保署建立與主要民間團體共同舉辦大型會議的經驗與互信基礎，隔年2013年便接著舉辦「臺灣2050年零碳及再生能源百分百可行性及必要性全民論壇」，也繼續沿用口碑極佳的公民咖啡館模式。

公民咖啡館的聆聽與反思

潘翰聲執行長對於公民咖啡館的形式也持肯定態度，他認為政府願意打開一扇窗，廣納社會各界聲音，比起過往較保守封閉的作業型態改善許多，值得讚許，尤其公眾可以直接溝通意見，且不同身份與背景者能藉由公民咖啡館方式相互瞭解其他人的觀點，學習聆聽與反思，「這種參與感會激發人的潛力，會解放你的想像力，甚至選擇公民咖啡館這樣的工具，會讓衝突有更正當順暢的管道可以處理。」他進一步解釋。

同時，他也認為這次全民論壇使用的雙桌長制（政府與民間桌長代表各一），便是很棒的雙向溝通模式，當政府單位與環保團體心平氣和坐下來討論時，兩造有比較多深度對話的機會和時間，「我們發現公務員不是壞人，對方也不會覺得環保團體是故意找政府麻煩，不會把對方當敵人，因為這種模式是開放的、平等的、透明的和參與的。」

NGO意見領袖之一的高茹萍總經理，也有多次參與官辦及民辦公民咖啡館的經驗，她同樣認同透過公民咖啡館的舉辦，可以減少環保團體與政府機關之間

■啟用雙桌長制,讓政府單位與環保團體可以坐在同一張桌上,心平氣和的表述各自立場。

■高茹萍總經理肯定環保署採用公民咖啡館為橋樑與民間溝通。

的緊張關係，「大家過去因為對彼此不了解，資訊也不夠透明，所以過往很容易造成對立的情況，但舉辦公民咖啡館後，由NGO自己來找桌長，不會有被摸頭的感受，而且雙方居然可以坐下來談，這種發展絕對是好的，因為對環團來說，若有正常管道可以溝通，又何必這麼累跑去抗議呢？」

高茹萍總經理認為，單是環保署願意用公民咖啡館作為與民間溝通橋梁這件事，就很值得肯定，尤其利用這樣的機制，讓民間團體感覺受到尊重，在篩選成員上也授權民間團體很大的空間，而且每個人講話的機會是平等的，配合換桌機制，大家可以在充分表達的大原則下進行討論，在這樣的環境塑造下，討論議題是成功的。

桌長的選擇

不管是單桌長還是雙桌長制，桌長在任何時候的公民咖啡館會議中，都是最重要的靈魂人物。在實際操作的現場，桌長主持討論時，其實僅要秉持一個重要的原則，就是「只討論與主題有關的重要事情」。當桌員之間熟識時，可能會聊些其他無關主題的事情；當桌長過度強勢時，可能桌員發言的機會不多；這些都是要避免的狀況。

■桌長是公民咖啡館中的重要角色，主導討論的氣氛，並引導桌員充分表達自己的想法。

　　桌長應該將來到該桌的桌員視為朋友，讓大家相互認識後，趕緊引導大家進入重要議題的討論。討論的方式可以很隨興、很輕鬆，但一定要與主題相關，不要天馬行空。簡慧貞執秘再三強調，擔任桌長一定要有「謙卑的心態」，須讓每個人都有講話的空間，而且「不可以引導別人說話，不可以預設立場」，如此才是擔任一個稱職桌長應盡的責任。

公民咖啡館實施流程

　　因為2012年全國氣候變遷會議的經驗獲得環保團體與政府機關的高度評價，緊接著在2013年登場的全民論壇，於5月18日星期六下午進行，地點則選在新北市新店區的臺北矽谷國際會議中心，參加對象以中央機關及NGO推派的代表參加，民眾報名則開放120個名額，過程採雙桌長制，每桌桌員約6至8人，召開30桌，共有超過300人針對此項議題共襄盛舉。

　　在30桌當中則分為5大群組，包括第1群組的「釐清資訊與基本設定」共6桌、

透過公民咖啡館蒐集與整理意見

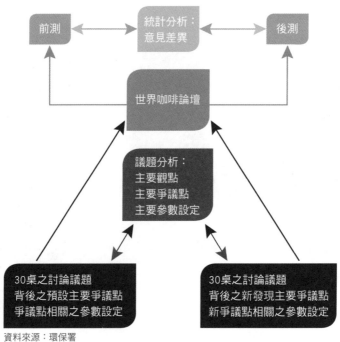

資料來源：環保署

臺灣2050年零碳及再生能源百分百可行性及必要性全民論壇

第2群組的「重點溝通與推動機制」共7桌、第3群組的「情境設想與關鍵爭議」共8桌、第4群組的「情境內涵與社經法制」共4桌以及第5群組的「能源技術與成本分析」共5桌。

這次公民咖啡館活動於下午1點30分正式展開，先由環保署沈前署長引言後，再由主持人葉欣誠副署長說明進行方式，最後開始共計3回合的討論。由於每回合僅有30分鐘的討論時間，因此每位桌員都要珍惜發言機會，在每回合結束前一分鐘，須請桌員於紙上寫下3個最重要的想法，並請紀錄員記錄作為小結，最後再依照組別，由各群組推派一名桌長代表進行最終報告，為半天議程畫下句點。

高茹萍總經理回憶當時情況，她認為有了前一次全國氣候變遷會議的經驗，這次的全民論壇她看到了官方更柔軟的一面，氛圍甚至比上回來得更好。「第一次參加時公務員會有點緊張，後來他們認為經驗是平和時，第二次更為放鬆，而且官方派出的桌長代表也都不是等閒之輩，都是有決策身分的技術官僚，我也看到他們很認真地在做筆記，忠實扮演聆聽者的角色。」高茹萍總經理指出，她不僅在這兩次公民咖啡館中看到公務員的進步，也認為環團與環保署的溝通是暢通

■在平和且輕鬆的氛圍之下，全民論壇建立起環團與環保署兩造間的溝通橋梁。

的，關係較過往少了許多對立，對彼此信賴感更容易建立。

公民咖啡館有著公眾直接溝通意見的特色，且不同身份與背景者能夠相互瞭解其他人觀點，並學習聆聽與反思，最後透過討論能找出針對特定議題的關鍵資訊。而在公民咖啡館實施前後，環保署針對參與者進行問卷調查（前測、後測），其實可以發覺參與者對於環境議題的熟悉度大為增加，足見公民咖啡館能發揮其正面的功效。

由此可見，想在2050年達成零碳的目標，布建長期減碳戰略規劃，顯得至關重要。既然認知零碳並非一蹴可幾，且需要各界配合，因此包括政府部會、電力業、產業界、民間團體與學術界等「利害關係人」自然不能置身事外；有了共同參與外，仍需跨領域的結合，包含經濟、社會、都市規劃、環境、能源、生態、大氣等各領域皆須考量，最後再經過整合模式進行情境模擬，才能制訂出有效的長期減碳政策。

我國2050長期減碳戰略布局規劃

■ 長程戰略應考量「減緩」與「調適」系統連動之影響
■ 透過整合模式進行情境模擬、策略可行性與成本效益分析

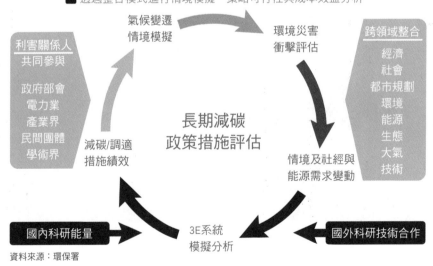

資料來源：環保署

持續進步的空間

針對這一次的全民論壇，由於環保署與NGO都抱持高度的期待，希望從中找到再生能源的解決之道。只是，比起2012年的全國氣候變遷會議，NGO的意見領袖們，坦言對照於前一次會議的順利成功，這一次的公民咖啡館雖然也在平和熱烈的氣氛下圓滿落幕，但對於過程及後續結果，仍覺得還有進步的空間。

潘翰聲執行長就表示，這次籌備過程在一開始便不順利，因為在籌備會議中，某些專家學者對此議題便帶有成見，「有些專家學者帶著成見進來，先入為主，認為再生能源百分百根本不可能，你都認為不可能，那來出席到底有何意義？」

至於高茹萍總經理，對這次公民咖啡館從議題形成到舉辦過程，比起前一次全國氣候變遷會議，她認為：「在先前的全國氣候變遷會議，NGO在籌備過程即參與許多，很進入狀況，但這次的全民論壇，NGO只有參與一次籌備討論，要我們設想情境，後來就出現這些討論議題，似乎較缺乏由下而上的精神。」

回歸至公民咖啡館舉辦的特性與本質，由於進入門檻較低，幾乎人人可參與，因此也有討論議題容易發散和結論不易收斂等問題，將是未來舉辦類似會議時需持續努力克服的問題。除了在前置籌備作業時，針對議題設定在廣納各界建議後應更為聚焦，緊緊扣住會議欲達成的目的和預期成果，再則，針對與會的公民及各方代表，應於會前提供議題相關的背景資料，或在會議討論開始前，先進行更為完整的專業知識傳遞，以利討論過程中參與者能準確就議題要點進行意見表達，此舉也將有助於各桌長收斂結論時更為精確有效率。

對公民咖啡館的期許

對於這次的全民論壇，儘管評價不一，但NGO都同意這是一種對政府與民間友善且值得繼續推行的公民參與方式。對於未來官辦公民咖啡館，NGO同樣有深刻的期許。潘翰聲執行長就建議，公民咖啡館固然融入了民眾參與這一塊，但也不可忽略資訊公開的要素，他認為唯有建立資訊平台，把全國關於氣候變遷的統計數據、資料、政策，甚至在野黨主張和環保團體看法，全部放在一起，讓民眾能夠直接獲得資訊，才能夠達到真正參與的目的。

「我們也希望之後公民咖啡館仍有更高層級的政府官員來與民間對談，比方像次長、部長，因為層級越高，公民社會意見領袖才願意來參加，民間也才能感受到政府的誠意。」而潘翰聲執行長等NGO團體的最終目標，還是希望總統

能召開「氣候變遷國是會議」，藉由國是會議的政治性規格，將共識制定為國策，再由執政、在野兩黨政治領袖共同背書，「形成政策白皮書，如此一來，不管是誰做總統、換誰執政，這些由下而上透過公民咖啡館進行的國是會議，就不會因為任何因素遭到推翻，成了束之高閣的結論。」

不可諱言，「公民咖啡館」對於臺灣能否於2050年達到零碳目標，提供十分積極且正面的公民參與探討模式，但如同沈前署長所言，越是龐雜議題，越需要嚴謹且兼顧科學程序來制定公共政策。「臺灣2050年零碳及再生能源百分百可行性及必要性全民論壇」順利落幕，與其說是結束，倒不如稱它為「一個好的開始」，因為接下來的階段性目標，才要一步一腳印。緊接在公民咖啡館之後的，就是「全民論壇」階段。

能否在2050年達成零碳的目標雖然目前未獲結論，但布建長期減碳戰略規劃，卻顯得至關重要。公民咖啡館最大效益是集中、收納問題，而接著步驟則需要開始整理問題，並針對不同主張，要求幕僚把「權益相關者」找來。以再

■環保署沈世宏前署長表示全民論壇順利落幕，與其說是結束，倒不如稱它為「一個好的開始」。

生能源為例，如包括太陽能、地熱、風能、水力與核能等等的權益相關者，像是政府部會、電力業、產業界、民間團體與學術界等自然不能置身事外，藉由「全民論壇」模式，正反雙方可以就本身提出論述與主張，而結果便會獲得不同的歧異點。再來，「全民論壇」之後，便到了「專家會議」。

「專家會議」不可或缺的成因，在於公民咖啡館雖符合全民參與之精神，但收斂得到的問題究竟合不合理，是屬於專業考量下的建議，還是僅流於情緒上或因生長背景差異提出的不合理想法。可不可行？能不能達成？從眾多建議及蛛絲馬跡中追尋最接近的真相，便是更進階的專家代理會議被賦予的重任。「專家代理」，顧名思義，是找來該領域更為專業人士進行替代公民進行會議，以一種更為理性、客觀與科學方式，做一個更趨於實際事實的價值判斷，這在對2050年能否達成再生能源百分百的目標，於未來預測和成本效益估計時，能在理性基礎上凝聚最大共識，並縮小歧異與誤差範圍，減少非理性判斷下可能造成的失誤。換句話說，就像層層濾網般，「公民咖啡館」收斂眾多議題，而「專家會議」如同孔隙更細膩的網，將更多雜質濾出，讓事實真相，輪廓慢慢浮現。「專家代理會議，並不是做『要不要』的決定，而是『是不是』，在這樣機制下，目的是要獲得正確資訊，至少是搞清楚狀況下、未帶扭曲的決定。」環保署沈世宏前署長表示。

沈前署長進一步解釋，「專家代理」的精神，固然找來專業領域頂尖的相關人士釐清事實，但這專家，並非環保署說了算，而是能被「民眾賦予信任的專家」。以廣受民眾關切的核四存續問題為例，即便是專家會議凝聚出的共識，不管結論為何，若這些「專家」一開始便不受民眾認同，那麼會議就成了多此一舉，失去舉辦初衷。那麼，該如何達成得到民眾認可的「專家代理」、延續「公民咖啡館」後的成果呢？沈世宏前署長指出，若專家非由政府尋找，而是由民眾認可的NGO提出，如此一來，當獲得民眾信任的專家在會議中被說服，也就代表給予信任的民眾被說服，就會減緩更多歧異與摩擦。

「專家會議」能就全民論壇歸納出的歧異點，就因果關係做量化的推論，也就是奠基於理性基礎下做出是非判斷，透過此階段，可以免除公民咖啡館、全民論壇中非理性價值判斷的部分，畢竟每人所取捨利益並不相同，若少了專家代理，可能會導致混淆情況發生，這便是專家會議精神所在。

經過「專家會議」理性討論，釐清了問題中「是不是」的客觀事實後，接下來就是進行科學模型，也就是「情境參數設定」。情境參數設定如同數據化的

沙盤推演，一項重大公共決策的實施，或許無法在事先獲得百分百準確，但仍可就好壞極端等多個情況輸入參數，增添變化，藉由多個情況模擬，可以從科學化的預測得知未來實施情況，甚至在獲得預測的理性結果後，再重新回到第一階段的「公民咖啡館」開始，週而復始循環，因為在獲得結果後，民眾又會有更新的想法產生，對將來形成共識更有裨益。

　為了讓情境參數設定更接近於客觀事實，環保署已與澳洲CSIRO及ROAM等澳洲模型團隊進行合作，藉由CSIRO等單位協助提供澳洲再生能源評估模型與必要參數，以澳洲再生能源為借鏡，協助工研院建立臺灣再生能源百分百評估模型，並建立本土化資料，進行台灣再生能源潛力評估作業。

結語

　環保署沈世宏前署長強調，要形成公認事實之前，一定要顧及政治參與面，否則事實永遠不會成為公認的事實。而為了讓事實成為公認事實 所以一開始就必須讓大家有所參與，因此，公共政策若要得到民眾信任，很重要的機制就是公開、透明參與，就算某些公共政策打算透過公投決定，投票之前也必須有許多屬於專業、知識性的平台，讓民眾願意去相信這些陳列在檯面上的資訊。

臺灣2050年零碳及再生能源百分百可行性與必要性全民論壇http://ecolife.epa.gov.tw/cooler/project/WorldCafe

臺灣2050年零碳及再生能源百分百可行性及必要性全民論壇

當前社會主流意見對本案主張有重大歧異者，除下述主議題之外，請寫下您認為還有其他的關鍵主議題，以及各主議題之下的關鍵子議題：

填表人編號：＿＿＿＿　填表人姓名：＿＿＿＿

臺灣2050年零碳及再生能源百分百可行性及必要性全民論壇

主議題（於公民論壇中討論）	歧異主張	價值利益取捨歧異（於公民論壇中討論）	可量化的成本利益歧異	未來預測方法歧異	因果論斷歧異	經驗事實歧異
			請列舉子議題（於專家會議中討論）			
1 臺灣有/沒有自給自足的再生能源	正		1	1	1	1
	反		2	2	2	2
2 再生能源可以/無法快速建	正		1	1	1	1
	反		2	2	2	2
3 核能是/不是減碳(降低氣候風險)的選項	正		1	1	1	1
	反		2	2	2	2
4 核能及再生能源成本的高低	正		1	1	1	1
	反		2	2	2	2
5 能源需求面管理的有效性	正		1	1	1	1
	反		2	2	2	2
請列舉其他主議題			請列舉子議題			
6			1	1	1	1
			2	2	2	2
7			1	1	1	1
			2	2	2	2

公民共識會議

丹麥共識會議起源與實施原則

客觀、多元、非直接利害相關公民的意見匯集

理想的民主社會運作，應是讓所有受決策影響的利害關係人，都能享有平等的發言機會；同時，必須讓所有參與者取得充分資訊，對爭議問題及牽涉的利益衝突作出理性的判斷。因此，國際間發展出許多新的民主參與機制，希望讓不具專業知識的民眾也能取得充分資訊，進而參與公共議題的討論。而眾多民主參與模式中，由丹麥發展出來、逐漸推行到其他國家的「共識會議」（consensus conference），尤其值得重視。

■經由認知、探究、反思，最後形成共識觀點，共識會議集結公民的意見，提供政策制訂時有所參考。

共識會議為公民參與「審議民主」（deliberative democracy）的一種模式，基本主張是政府作成的政策決定或法律規定，必須讓所有受到影響的民眾認為合理；為達到這樣的目標，民眾必須有機會影響政策或法律的制訂。

共識會議的性質屬於公民會議，邀請一般民眾參與特定議題或方案的評估（傳統上，共識會議是用於科技相關問題的評估）；這項會議是公民與專家對話溝通的平台，並且對大眾及媒體開放。在其發源地丹麥，當地國會議員經常性的參加共識會議。

相較於民意調查、說明會與公聽會等參與模式，共識會議是邀請不具專業知識的民眾，事前閱讀相關資料並作討論，設定需要探究的問題，隨後在公開的論壇中針對一些問題詢問專家。最後，他們在取得一定知識訊息的基礎上，對爭議性問題進行辯論，再將討論後的共識觀點寫成報告，向社會大眾公布，並供決策參考。

因此，一個成功的共識會議，須具備4個基本要素。首先，參與者與評估議題沒有直接利害關係，他們的間接利益來自於其納稅人、社會成員及世界公民的身分；同時，應包含不同背景的民眾，呈現多元聲音和主張。正因為參與者僅有一般性利益，更可能對討論議題提出客觀的看法。

其次，評估過程中，必須提供充分資訊並理性討論，讓與會者能夠完全參與。因此，參與者必須多次開會，也要聽取直接利害關係人與專家的意見及主張。

第三,經過共同審議,與會者要撰寫報告說明達成的共識。會議成員之間可能對許多重要議題會有不同意見,聚焦彼此間的共識並不是要創造共識或強制達成共識,而是要說明經過共同學習及理性討論,成員達成哪些共識及哪些不同的觀點。

第四,共識會議的結論報告必須公開,並召開記者會說明,最好是在立法機構的場域中進行,藉此強調民意代表應特別重視與會者經過理性討論所提出的看法。

共識會議適合討論重大社會關切、需要政府採取行動回應、具有爭議性與具有一定程度知識複雜性的議題。相較於前述幾篇案例引用的公民咖啡館機制,兩者本質有許多異曲同工之妙,但不同之處在於:公民咖啡館的會議參與者是流動性的,進入門檻也較低,幾乎人人可參與,適合討論的議題也較為廣泛且大眾化,然也因為如此,議題討論時較易發散不集中且結論不易收斂;而共識會議的參與者則是固定的,由於適合討論較複雜的議題,因此需要提供參與者更多的知識背景與專業授課,最後可獲得多數參與者的共識和少數差異的觀點,無論是哪一種,都有其優勢及參考價值,行政機關應可視各種議題的層次與欲達成目的,選擇適合的方式進行公民參與。

公民共識會議的基本要素

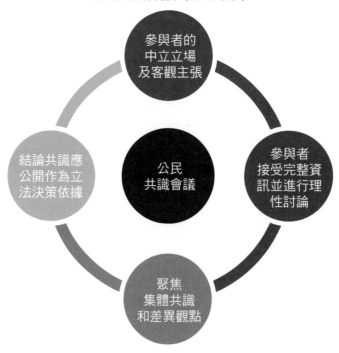

參與者的中立立場及客觀主張

公民共識會議

參與者接受完整資訊並進行理性討論

聚焦集體共識和差異觀點

結論共識應公開作為立法決策依據

丹麥共識會議起源與實施原則

Pavel L Photo and Video / Shutterstock.com

■透過共識會議納入多元意見，作為決策參考。

共識會議的起源

在提升民眾參與的理念下，西方國家長年發展出許多民主參與的機制，「共識會議」即為實驗方式之一。

早在1970年代，美國健康部門（US health sector）就曾組成一個健康專家小組進行相關議題討論。後來丹麥科技委員會（Danish Board of Technology, DBT）發展出正式的方法論，被稱為「丹麥模式」（The Danish Model）；在該模式下，討論小組由社會大眾組成，藉此尋求全民共識，提供國會議員決策與立法參考。

創立於1980年代中期的丹麥科技委員會，原是國會體系下的科技評估組織，後來偏左派的國會多數以該委員會工作無助科技研究為由，一度決定終止政府補助及其與國會的關係。最後，在各方關切下，丹麥國會改變立場，不但延長政府補助，並將該組織改制為非政府組織「丹麥科技委員會基金會」（Danish Board of Technology Foundation），繼續針對需要科技知識及社會廣泛關注的公共議題，透過討論機制納入多元意見，作為決策參考。

雖然「丹麥模式」一開始是用於評估科技相關問題，但共識會議的精神及機制也可運用在其他領域的議題討論。

共識會議的召開，除了提供民眾一個表達對社會的關懷，以及參與政策的機會外，透過專家與非專家的對話和充分討論，民眾在過程中也能取得基本知識基礎，並享有充足公開的資訊，進行有意義的討論與意見分享。

　　共識會議讓政策議題的制訂能更加了解民眾意向，決策者也能更深入知道社會大眾的需求；透過共識會議程序，獲得的意見及討論成果也是最好的社會教育教材。目前國際間已有英、美、法、日、德、韓、加、荷……等21個國家舉辦過多次的共識會議討論公共議題。本文末附表整理目前各國辦理共識會議的議題與年份，從資料可以看到，丹麥與美國是最常使用此方法討論公共議題的國家。

共識會議的基本原則與執行方法

目標	讓公民成員有機會針對社會議題上擁有發言權，並提供他們相關的知識與能力，在議題討論中發表自己的立場與觀點。
結果	共識會議結束後，由參與者聚焦共識提出相關建議和結論，亦建立主管機關、專家學者與參與民眾之間的溝通橋梁。
施行特性	‧參與者篩選需避免利害關係團體，以立場中立、無偏頗關係的一般民眾尤佳。 ‧參與者的代表性和多元性遠比參與對象及人數來得重要。 ‧會議約以5-7天的方式進行。 ‧會議前置作業執行、招募參與者及舉辦會議的成本較高。 ‧必須在會期中快速產出共同的共識結論報告。
適用主題	‧欲公開的產品、計畫或政策 ‧社區發展事件 ‧社會問題探索 ‧制訂行動計畫 ‧須溝通協調問題
所需時間	至少6周至6個月（含準備、執行和後續檢討）
執行方法	‧選定主題 ‧組織諮詢/規劃委員會 ‧公開宣傳，招募參與討論者 ‧篩選參與者，至少14人左右，並確保其多元性及代表性 ‧準備資料、確定會議進行程序、內容，並聘請專業主持人 ‧舉行正式會議，由專家學者或利害關係人發表各自觀點，並讓參與者進行小組討論和審議 ‧形成會議共識，撰寫結論報告 ‧公開並公告媒體共識會議結論

資料來源：Department of Environment and Primary Industries. http://www.dse.vic.gov.au/

丹麥：社會科技議題的共識會議

　　丹麥是個強調共識政治與公民參與的國家，牽涉到倫理與社會議題的科技政策須徵詢大眾意見，讓公民有機會表達想法。丹麥科技委員會負責評估科技對社會與民眾的影響，主要任務包括鼓勵大眾參與科技議題的討論，採用的重要參與機制之一，就是共識會議。

　　主題方面，丹麥舉辦共識會議主要是評估科技對社會的影響，已辦理的共識會議討論議題多元且涵蓋面向廣泛，包含基因科技、食物、教育與不孕症等。

　　參與共識會議的民眾提出許多不同觀點的想法，為政策制訂貢獻寶貴意見；另一方面，透過這個民主參與機制，丹麥民眾對國家政策的推展及政策擬訂，不但有參與感，也有較深的認識。

　　根據丹麥舉辦的經驗，大致可歸納出幾個共識會議的主要流程及重點，包括：挑選議題、組成規劃執行團隊、挑選共識會議參與者、預備會議、參與專家成員及正式召開共識會議。

Dikiiy / Shutterstock.com

■參與共識會議的民眾提出不同觀點，為政策制訂貢獻意見。

議題的挑選：大眾關心、範圍適中的社會性議題

共識會議的議題須具有社會大眾關心、包含不確定及爭議性或需政策回應等特性，提出議題的單位，可以是官方或受政府委託的民間單位，也可以是民間單位。實務上，許多民間團體都會主動針對有興趣的議題發起共識會議。

另外，會議主題必須能劃定界線，訂定範圍適中的議題，以免會議的討論太過寬廣或狹隘，致使舉辦共識會議的預期目標無法達成。

組成規劃執行小組：立場公正、不涉及偏頗利益

共識會議要能順利運作，事前需要妥善安排許多事項，從與會者的挑選和挑選方法的決定、界定討論範圍、議程的控制、會議進行過程的監督及組織、專家小組名單以及公民小組（共識會議成員）需要閱讀資料的提供。

因此，需要有一個規劃執行小組來負責這些工作，該小組成員必須來自立場超然的公正團體，或由持不同觀點理念的人士組成，且不涉及任何利益立場，通常包括學界、社會團體、產業界等各方人士。

共識會議成員（公民小組）挑選：公開徵求、隨機抽樣、多元背景

確定會議主題及組成規劃小組後，就要挑選共識會議的參與者，原則上是以隨機抽樣方式，從報名者中選出公民小組成員。

程序上，應先以公開方式徵求志願參加者，徵求時須説明會議討論主題、方式及目的等，讓有興趣報名者能夠了解；之後，要考量年齡、專業、居住地及性別等因素，讓公民小組的組成呈現多元及異質的特性。

預備會議：閱讀充足資訊，了解議題相關知識

選定共識會議參與成員後，要讓他們在正式會議前有互動認識的機會，安排課程及準備與議題相關的背景文獻資料，讓成員閱讀並相互討論，提出所要發問的問題。

發問及決定專家小組：充分表達疑問、意見，並決定參與專家成員

共識會議成員可對規劃執行小組提出的專家名單表達意見，並進行刪減或增加。決定參與共識會議的專家小組成員，必須根據共識會議成員所提出的問題，以一般大眾能接受的語彙準備書面資料及共識會議當天的簡報。

共識會議召開：找出共識結論與無法達成共識的觀點

　　會議時間通常是5-7天，過程將開放給媒體、決策單位以及一般民眾參加。會議過程中，專家必須根據公民小組的問題現場回答，公民小組成員討論後再質詢專家小組；經過充分討論，公民小組找出共識結論及無法達成共識的觀點，最後公開提出結論報告，提送給決策者（主管機關）作為參考。

結語

　　以上實例說明，共識會議是一種可以有效促使大眾關切公共事務的民主參與機制，藉由平等的權力對政策造成影響。而這種會議型態，2002年也正式在臺灣引進辦理，最初是由行政院邀集各方專家學者組成「二代健保規劃小組」並成立「公民參與組」，對全民健保改革策略、成效等進行研究分析與規劃，後召開「先驅性民眾健保公民會議」，是為臺灣第一次辦理共識會議的經驗。

　　爾後，陸續有公共空間使用、社區議題發展、青年未來共識、觀光策略發展、學術人才培育等多元議題，採用公民共識會議方式進行討論，強調無論甚麼年齡、性別、職業或社會階層的公民，皆對社會議題有參與、發聲的機會，也有聆聽和分享的權利，藉由共識會議匯集眾人的集體智慧，共創美好家園未來。

　　往後，共識會議也值得國內各政府機關在相關社會大眾之政策推展及擬定前，按部就班仿效辦理，讓政府的決策與人民的期待取得最大共識，制訂真正符合社會需要的法令制度。

國際舉辦共識會議議題與辦理年份

國家（舉辦次數）	議題（辦理年份）
阿根廷（2）	人類基因計畫（2001）、基因改造食物（2000）
澳洲（3）	奈米科技（2004、2005）、食物鏈中的基因科技（1999）
奧地利（2）	基因數據（2003）、大氣層中的臭氧（1997）
比利時（4）	基因治療（2003）、基因改造食物（2003）、基因改造農作物（2003）、空間計畫、流動性與永續發展（2001）
巴西（1）	基因改造食物（2001）
加拿大（4）	氟化物（2006）、都市廢棄物管理（2000）、McMaster 大學一線上教學政策（1999）、食物生物科技（1999）、大學中強制性筆記型電腦（1998）
丹麥（22）	如何訂出環境的價值（2003）、基因測試（2002）、電子監視（2000）、噪音與科技（2000）、基因改造食物（1999）、公民食物政策（1998）、電腦終端作業（1991）、消費與環境（1997）、未來的消費與環境（1996）、未來的漁業（1996）、基因治療（1995）、極限在哪？環境與食物中的化學物質（1995）、電子身份證（1994）、交通資訊科技（1994）、整合性農業生產（1994）、不孕（1993）、私家汽車的未來（1993）、人造動物（1992）、教育與科技（1991）、空氣污染（1990）、人類基因地圖（1989）、食物輻射（1989）、與工業及農業的基因科技（1987）

■共識會議的公民小組成員最後會依據個人理解與立場，達成多數共識和部分無法達成共識的觀點。

國家（舉辦次數）	議題（辦理年份）
歐洲（2）	大腦科學（2007）、公民會談（2006-2007，由多個國家所共同舉辦）
法國（1）	基因改造食物（1998）
德國（1）	基因測試公民會議（2001）
印度（2）	Anndra Pradesht城市（2001）、基因改造食物（2000）
以色列（1）	未來的交通（2000）
日本（3）	基因改造食物（2000）、高度資訊社會（1999）、基因治療（1998）
荷蘭（2）	基因改造食物（2000）、人類基因研究（1995）
紐西蘭（3）	控制蟲害之生物科技（1999）、植物生物科技（1996、1999）
挪威（2）	育幼院之智慧科技（2000）、基因改造食物（1996）
韓國（2）	複製（1999）、基因改造食物之安全與道德（1998）
瑞士（3）	移植科學（2000）、基因工程與食物（1999）、國家電力政策（1998）
英國（3）	奈米科技（2005）、輻射廢棄物管理（1999）、基因改造食物（1994）
美國（14）	人類提升、辨識與生物（2008，六場次）、生物監測（2006）、奈米科技（2005）、基因改造食物（2005）、電訊溝通與未來民主（1997）
辛巴威（1）	小農知識與參與（2002）

參考文獻／
· 財團法人環境資源研究發展基金會（2011）。100年下半年度環保共識會議計畫期末報告。行政院環境保護署委託計畫。
· Consensus Conference. http://www.dse.vic.gov.au/effective-engagement/toolkit
· Ed; Joss, S. & Durant, J. London: Science Museum（1995）. In Public Participation in science: The Role of Consensus Conferences in Europe.
· Johs Grundahl. The Danish Consensus Conference Model. http://people.ucalgary.ca/~pubconf/Education/grundahl.htm
· The Loka Institute, For Science & Technology of, by & for the People. http://www.loka.org

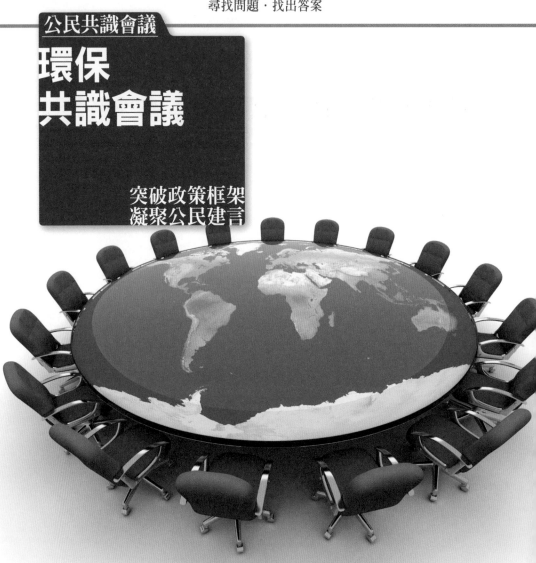

公民共識會議

環保
共識會議

突破政策框架
凝聚公民建言

星期日，二十多位來自臺灣各地的民眾，一個月中已經連續4個周日都準時至會議室報到，思考「淘汰二行程機車」與「電動機車」的可行性，他們有些人根本不騎機車，這個議題或許跟他們沒有太直接的關係，但在這4天中，他們犧牲自己的時間，代表全民思考這個問題，彼此討論，發表看法，最後做出結論。而這些結論，將是未來提供給環保署制訂政策時的參考。這個得要花上至少4個周末假日的會議，稱為環保共識會議。

環保共識會議

共識會議（consensus conference）也稱公民會議（citizen conference），最早源於1980年代的歐洲，是一種民主政治參與的方式，有各種模式，針對不同目的、不同議題而有不同的對象和組合。雖然舉辦的形式略有差異，但是主要是邀請一般非專業與非直接利益相關的民眾，就政策進行討論並做出建議，提供政府部門施政的參考。

共識會議引進臺灣約有10年時間，最早是2002年衛生署首次引進共識會議，討論二代健保議題；2004年又曾舉辦共識會議討論代理孕母問題。其他行政部門也曾舉辦過共識會議，如臺北市政府曾舉辦討論汽機車總量管制議題，財政部也曾以共識會議的方式討論稅賦改革。

臺灣大學政治系林子倫助理教授說，民主政治的操作模式很複雜，參與民主政治不是只有投票而已，「完整的民主政治參與，應該包括對公共事務的討論，要將公民討論文化與政治生活拉進來，共識會議就是其中一種參與形式。」歐美等世界許多民主國家，在具爭議性或重大政策制訂前，也都曾藉由共識會議的模式，了解並收集一般民眾的意見。

本文將闡述的環保共識會議，即是環保署引用歐美共識會議的概念，將臺灣在當時發生的環境事件，或是欲制訂的環保政策理念，藉由共識會議型態，匯集公民智慧，作為解決方案或政策擬訂的參考。

環保署在2004年至2006年間，辦理3場環保共識會議，環保署永續發展室表示，2008年為落實馬英九總統競選政見之「研訂『國家永續發展法』，落實執行政府政策環境影響評估，定期邀請相關機關、學者、非政府組織（NGO）與民眾召開環保共識會議。」

環保署在2008年底通過「行政院環境保護署辦理環保共識會議作業規範」，並從2009年下半年起開始辦理，以廣納民眾意見，至2011年底環保署依據前述作業規範，共舉辦過5場次的共識會議，分別是2009年度「政府應如何結合社會、教育及民間團體力量，推動心靈環保及災後重建？」；2010年上半年度「您是否支持產品碳足跡標示制度，並於日常生活中參與碳足跡標示產品之購買？」；2010年下半年度「中部科學園區環評審議案件，您是否贊成採行『公眾參與，專家代理機制』審查制度？」；2011年上半年度「您是否贊成淘汰二行程機車及建構電動機車電池交換系統？」；2011年下半年度「您是否贊成逐步調高能源價格及電價來支應成本較高的再生能源發電，以減少溫室氣體對地球暖化及氣候變遷的影響？」。

以下，將根據環保署環保共識會議作業規範，說明環保共識會議辦理流程要

點，可分為：前置作業、會議進行及結論發表等3大階段。從會議舉辦前約三個月時，須確立議題、成立指導委員會以及篩選參與成員（一般民眾）；至實際施行時預備會議及正式會議應進行之流程；以及會議結束後需於一個月內公開發表結論和檢討等關鍵作為，提供各部會在政策制訂前仿效運作，方能有效減緩「政策執行」的窘境。

環保共識會議流程

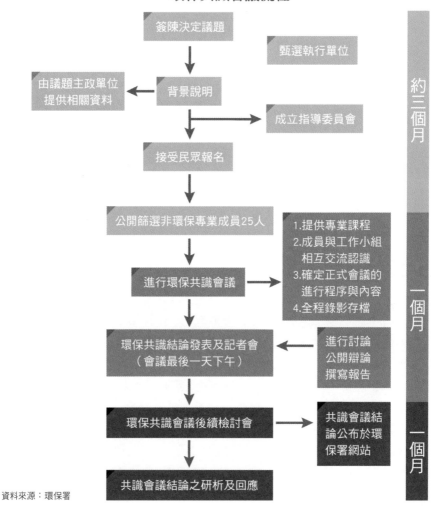

資料來源：環保署

前置作業：選定議題→成立指導委員會→抽選參與成員

前置作業包括選定議題，成立指導委員會與抽選參與環保共識會議的成員。環保署於每年1月及7月底前，針對未來重要政策、重大立法計畫及重大輿情關注事項，彙整主秘室、公關室、國會聯絡室及各業務單位所提之適合討論提案，簽請署長選定議題據以辦理。決定議題後，再邀集學者專家組成指導委員會，協助辦理環保共識會議成員的篩選及會議的進行。

爾後，確定與會議題後，會連續3天，在報紙刊載環保共識會議的議題、時間、地點、參加方式等訊息，公開徵求參與的民眾，並隨機寄發邀請函至少1,000份。

抽選參與成員　取得多元民意

共識會議參與的成員必須是一般民眾，不能對會議議題有特殊的立場，也不能是與主題有利益相關的人士、專業人員或是環保團體成員，因此必須從報名者的背景中進行初步篩選。

根據環保署的環保共識會議作業規範，每場會議要選出25位與會成員，因此這25位與會成員的抽選，必須顧及地域的均衡，年齡的分布與性別的比例等，不能集中在某一個區域，也不能都是某一固定年齡層的民眾，最好學歷上也要有區隔，但抽選時，地域與年齡層等背景，也要符合臺灣人口的分布現狀。

■由多元成員參與的共識會議，進行有品質的主題討論。

　但臺灣有2,300萬人，共識會議只抽選25人參與，從過去辦理的經驗來看，一場會議多不滿25人，每100萬人才有1人參加的會議，結論是否具有代表性？林子倫助理教授認為，「共識會議要經過充分的討論，人數太多就不能進行有品質的討論，20個人參加，一人發言3分鐘，就是1個小時了，因此著重參與成員的『多元性』，而非代表性。像美國在1994年及1996年舉辦共識會議時，也只找了14人與會。」

建立互信　理性對話

　而在共識會議舉行前成立的指導委員會，是確保共識會議成功的重要關鍵之一，任務包括與會成員的抽選、課程的設計、邀請的專家學者及議程安排等等。因此指導委員會的成員應該涵蓋相關議題的各方代表，包括產官學界，還有NGO代表，尤其當議題具社會爭議性時，指導委員會就可以適當納入NGO代表。

　此外，共識會議是政策制訂機關公開資訊與理性對話的平台，程序要小心謹慎，更要經得起檢驗，才能獲得民眾的信心還有NGO的信任，因此指導委員會的成立和運作都應公開、透明，取得民眾信任後，未來共識會議才能持續進行下去，成為政策形成前，取得民意的重要管道。

■99年上半年度共識會議閉幕大合照。

會議進行：預備會議→正式會議

　　一場共識會議從指導委員會成立到會議結束，至少有3個月的充裕時間。理想的會議進行形式是先舉行預備會議，讓成員從中獲得資訊，隔2至3周後再舉行正式會議，期間就是讓與會的成員在獲得議題相關資訊後，能回去消化、思考、發酵，正式會議時才能展開討論，形成具體共識。

　　以環保署舉辦過的5次環保共識會議為例，時間多選定連續4個周日舉行，4次會議中，可以粗略分成前後兩部分，前兩次屬性就像是預備會議，後兩次則是討論、凝聚共識和發表結論。

完整資訊授業傳達　導論客觀民意

　　前兩次的會議會先向與會成員介紹，什麼是共識會議及會議運作的方式，接下來就是替成員上課。因為這些成員多半是不了解相關議題，有如一張白紙的民眾，就算事先有做過功課或研讀過會議準備的相關資料，還是需要專家上課講解，也需要環保署主管機關解釋政策緣由與相關法令。

　　例如，2011年討論的二行程機車淘汰與電動機車電池交換系統，邀請了包括工研院、中興大學、環境品質文教基金會等專家講解外，還找了國內外電動機車電池的相關廠商，分享互換系統發展的經驗。專家講解之後會有20至30分鐘的Q&A時間。

　　此外，共識會議與會的成員來自四面八方，彼此互不認識，第一次會議下午也安排成員相互自我介紹，讓大家彼此熟悉、磨合，才能為後續幾次會議打下良好的討論基礎。

分組討論　達成最大共識

　　進行至第2次和第3次會議，幾乎都是安排半天以上的分組討論時間，如果成員對主題仍有疑義，就會再請專家前來說明。負責執行環保署5次環保共識會議的環境資源研究發展基金會吳春滿副研究員說，2010年下半年共識會議時討論中部科學園區環評審議案件，是否贊成採行「公眾參與、專家代理」機制審查制度時，就有成員要求專家再次說明，因此臨時更改議程，以釐清成員的觀念，有助於達成最後的共識。

　　到了第3次會議時就會針對議題形成初步共識，並由成員推派主筆人和發言人，主筆人要在最後一次的會議前撰寫完成共識會議結論，第4次共識會議上午保留給與會成員討論，並做最後確認。下午則請環保署沈世宏前署長至現場聆聽共識結論，與成員交換意見，並頒發感謝狀感謝這些參與時間長達一個月的成員。

結論發表及會後檢討

在完成環保共識會議舉行後，主辦單位應於結論報告發表後一個月內，邀請指導委員、與會成員及相關學者專家舉行檢討會；檢討會結束後一個月內，針對結論進行可行性評估，並公開評估結果。

根據吳春滿副研究員的觀察，當然在討論時有些成員會比較活躍，有些成員會比較沈默少言，但環資會都會現場觀察，在不干涉成員討論的情形下，儘量鼓勵成員發表看法，若有發現討論離題的情形，也會適時拉回。

此外，在共識會議中扮演關鍵角色的主持人十分重要，共識會議一開始大家都會緊張，如何順利磨合要靠主持人的技巧；一個好的主持人，可以讓對話平衡，也可以讓成員更快進入狀況。主持人本身及與會的專家也不能有太過偏頗的評論或價值判斷，只能就疑義做適度的回應和釐清。

再則，共識會議很重要的意義是「投民所好」。推行政策時都會有盲點，因為立場不同，常常忘了民眾在意的重點是什麼，因此共識會議的結論或決議，其實是民眾在這個議題上會關心的事，不見得是字面上所謂的「共識」。

林子倫助理教授也表示，共識會議某些層面綜合了陪審團的形式，參與會議的專家就像是證人，共識會議的成員聽了專家的陳述後，再交叉詰問，最後彼此互相討論，達成結論，可說是一種「共識決」。而最後的共識雖是經過討論，但不一定完全贊同，而是在經過討論與取捨後，某些事情「不想爭了而選擇放手」。才能達成所謂的「共識」。「很多人都認為有差異不可能達成共識，但其實不見得。」林子倫助理教授解釋。共議會議不見得能化解爭議，但至少可以有跳脫框架的思維，激盪出創意。

同時，林子倫助理教授也強調，在法律上共識會議的結論沒有約束力，即便參與的成員在會議紀錄上簽了名，也不代表背書或要為結論負任何責任，但這卻是經過公民充分討論後，相當重要的意見。他肯定環保署定期舉辦環保共識會議的用心，而環保署人員除了解釋政策立場和相關法令外，在會議進行時應只能列席旁聽，不能參與討論，也不能擔任指導委員。最理想的方式應該是全程直播，讓整個會議過程公開透明，以取得與議題相關的各界人士投注信任。

結語

綜觀自2009年至2011年，環保署每半年召開、連續舉辦共5場次的共識會議，由各處室依據當時候的時令、社會事件、署內欲發展之法令制度方案，擇定一重要議題舉辦環保共識會議，不僅是在採納公民意見的目標上大有斬獲，最重要的是能夠創造一個平台，讓平時不易在同一個空間環境裡「坐下來好好談談」的三方角色──政府行政機關、學者專家（代表不同利害關係人）和一般民眾，能夠有理性對話的機會。

也因為這5次會議的成功經驗，催生了2012年「廢棄資源物填海造島（陸）計畫」的公民共識會議，再次將對話、溝通、廣納民意的概念展現無遺。未來，環保署也將持續運用此公民參與模式，每年度定期舉辦共識會議與民互動，開啟署方大門，傾聽人民的聲音。

總結共識會議是一種「知情討論」（informed discussion），是社會溝通的策略和訓練，資訊透明絕對不是政策的阻力，反而更能取得信任。現在很多政策推動不了，大半都是沒有在事前進行充分的討論，雖然有公聽會等形式，但是公聽會往往多是表達意見，但缺乏討論，因此環保署定期舉辦環保共識會議，的確是一個非常值得肯定的作法，值得其他公部門學習。

同時，林子倫助理教授也提出建議，在環保共識會議的位階和作業規範，可以稍作修改，包括指導委員會組成透明化，列出指導委員會組成方式和成員選定方式，並明定參與的公民成員應為隨機抽選。他更認為，如果能將環保共識會議納入環評程序的一環，成為環評案件取得民意的管道之一，或許對於環保政策的形成，不但有更多人民參與的空間，更能經過適當的溝通，納入民意、化解爭議。

歷年環保共識會議議題、決議及對政策的影響

年度	成員	議題	決議	對政策的影響
2009年	22	政府應如何結合社會、教育及民間團體力量，推動心靈環保及災後重建？	14項共識與4項部分共識。	提供政府對於整合民間團體相關教材，連結社區人脈網絡以宣導「心靈環保」的概念，與推廣簡約生活環保思維。
2010年上半年度	23	您是否支持產品碳足跡標示制度，並於日常生活中參與碳足跡標示產品之購買？	1.16人支持產品碳足跡標示制度，2人持中立立場，5人不支持。 2.建議政府明訂碳足跡標示推動時程與目標。 3.連結社區媒體網路向全民宣導「碳足跡」概念。 4.擬定妥善配套措施，避免企業以此作為「漂綠」手段。 5.透過對企業的獎助，鼓勵生產低碳產品，落實節能減碳生活。	提供環保署未來推動碳足跡標示時的施政依據。
2010年下半年度	21	中部科學園區環評審議案件，您是否贊成採行「公眾參與，專家代理機制」審查制度？	1.檢討專家遴選機制、專家權責、會議期限、次數限制、結論之產出與經費等各面向討論與設計，再朝向法制化的方向推動。 2.建立「專家資料庫」與「環境議題資料庫」，有利於人民取得資訊，並參與環評。 3.將在地知識經驗納入「審議民主公民參與」機制，廣納更多公民意見，作為環評委員審議的重要參考。	提供環保署未來在環境影響評估制度上的精進作為。

年度	成員	議題	決議	對政策的影響
2011年 上半年度	24	您是否贊成淘汰二行程機車及建構電動機車電池交換系統？	1.汰換二行程機車，應就稽核制度、補助辦法與相關宣導措施進行整合。 2.配合更具環保訴求的代步工具——電動機車的推廣，擴大節能減碳效益。 3.就電池交換系統設置而言，需考量土地使用、配電供電及電池交換站對於周邊環境與安全性影響。	提供環保署在推電動機車電池交換系統政策上修正方向。
2011年 下半年度	21	您是否贊成逐步調高能源價格及電價來支應成本較高的再生能源發電，以減少溫室氣體對地球暖化及氣候變遷的影響？	1.對於再生能源的開發及使用多表有條件贊同，就制度上提出相關建議，主要認為應先審議臺灣電價的訂定，建立透明且符合社會公平的電價制訂標準，且對於高排碳、高污染、高耗能的產業，應優先調整，給予弱勢族群適當補助與電價優惠。 2.調整後的電價款項，應確實用於再生能源技術的發展，且須公開相關資金的運用，以專款專用方式開發再生能源，並一併執行節能減碳措施；而非一昧增加能源供給，造成更多浪費。	

資料來源：環保署永續發展室

參考文獻／
・財團法人環境資源研究發展基金會（2011）。100年上半年度環保共識會議計畫期末報告。行政院環境保護署委託計畫。
・傾聽人民的聲音-環保共識會議（2011.12.8）。行政院環境保護署。http://share1.epa.gov.tw/l_forum/index1.html

公民共識會議

廢棄資源物填海造島（陸）計畫

結合政策環評與公民參與機制

（照片提供／臺灣港務股份有限公司）

廢棄物何去何從，是臺灣環境永續的大難題。臺灣的土地資源有限，雖然資源回收及再利用工作至今已具成效，但仍有不適燃物、營建剩餘物等廢棄資源物無法回收，且陸上掩埋空間面臨飽和，廢棄物非法棄置的問題更是層出不窮。

環保署在2012年規劃「廢棄資源物填海造島（陸）計畫」，並首度在政策環評階段即舉辦全民共識會議，成立執行指導委員會，並公開召募一般民眾報名參加、進行討論，希冀藉由理性對話的平台，有效溝通規劃的方向，並傾聽人民的聲音。

所謂廢棄物填海造島或造陸，是將安定化、無害化的廢棄資源物做最後的再利用，不僅符合物質循環，也能將廢棄物對環境的衝擊降到最低。因為依過去的經驗，廢棄物在陸上填埋對各種環境的衝擊較大，一方面影響既有土地的使用，更會破壞附近的生態。儘管填海造島（陸）是資源循環再利用關鍵5R（reduction減量、reuse再使用、recycling物料回收、energy recovery能源回收及land reclamation土地新生）中重要的一環，但並非替代現有各種廢棄資源物的去化方式，尤其不是要取代過去推動的源頭減量及再利用，而是事前的預防，希望能同時解決陸上填埋空間不足與減少抽砂填地的問題。

亞洲鄰國早年利用廢棄物進行填海造島或造陸，以日本和新加坡的案例是最值得借鏡，除了可創造新生土地外，也可達到資源循環零廢棄的效果。1988年高雄大林蒲南星計畫是臺灣第一個以填埋都市設施廢棄物、營建廢土、中鋼轉爐石、捷運廢土方為主的填海造陸案例。

■公民共識會議流程包含組成執行指導委員會、召開預備會議與正式會議。

鑒於高雄的成功經驗，並仿效國外施行案例，環保署希望結合既有港區或濱海工業區開發計畫，以廢棄資源物填海造島（陸）方式，取代抽砂填海，並引領臺灣環境逐漸邁向「資源循環零廢棄」，符合物質循環永續利用的目標願景。

即使未來要推行填海造島或造陸，也是要經過嚴謹的環評機制，並與民眾反覆溝通，但在政策提出後，仍是引發學者專家、環保團體與民眾的疑慮。鑑於此，環保署隨即導入了公民參與機制，在政策環評啟動之前，舉辦公民共識會議，希冀藉由打造政府與民眾平行對話的管道，傳達環保署的政策規劃方向，並傾聽人民的聲音。

推動共識會議多年的臺灣大學政治系林子倫助理教授就說，環保署並非首次舉辦公民共識會議，但填海造島是首創先例，結合政策環評與公民共識會議，在政策規劃推動的過程中，就把公民參與的概念納入其中，而且議題頗具爭議，若能因此釐清政策方向，納入人民心聲，更具意義。

首次結合政策環評　嚴謹公開取公信

公民共識會議流程包含組成執行指導委員會、召開預備會議與正式會議，最後針對廢棄資源物填海造島（陸）的永續議題，提出結論報告供環保署與社會大眾參考。

林子倫助理教授說，這是環保署首開先例於政策環評的過程中，即辦理公民共識會議，以蒐集民意及提供溝通平台，也因此，會議程序就要做到最嚴謹，建立良好的範例，讓這樣的民主程序，真正可以獲得人民信任，在未來推動爭議性的政策時，也能仿效這樣的形式，落實資訊公開透明，凝聚共識，減少阻力。

要取得公信力，首先就是公民共識會議的指導委員會需透明公開，而成立執行指導委員會的目的在於確保公民共識會議的品質與公正性，以客觀、公正及獨立的立場參與會議，因此應廣納不同立場的學者專家、環保團體及機關代表組成執行指導委員會，使成員更具多元性。

廢棄資源物填海造島（陸）共識會議的執行指導委員會，組成成員包括支持傾向，保持中立，傾向理性反對者各3位，並由林子倫助理教授擔任主持人。林子倫助理教授表示，舉辦3場次的執行指導委員會議，討論各關注議題，是整個公民共識會議順利推動的重要關鍵。

在共識會議的預備會議開始前，首先舉辦2場次的執行指導委員會議，確認公民共識會議辦理的作業程序及議題手冊，並推派授課專家、確定授課內容、主持人及遴選20名公民小組成員。在預備會議辦理完畢後，再辦理第3場次的委員會，確認正式會議中公民與專家對談的議題，以及與談專家學者名單等事前準備程序等。

廢棄物填海造島（陸）公民共識會議執行指導委員會成員

姓名	現職
主持人	
林子倫	臺灣大學政治系助理教授
專家學者	
鄭顯榮	前行政院環保署廢管處處長
高瑞棋	成功大學水工試驗所副所長
范光龍	臺灣大學海洋研究所教授
機關及團體代表	
交通部航港局	
行政院農業委員會漁業署	
臺灣港務股份有限公司	
臺灣濕地學會	
財團法人黑潮海洋文教基金會	
中華民國廢棄物清除處理商業同業公會全國聯合會	

廢棄資源物填海造島（陸）計畫
公民共識會議程序

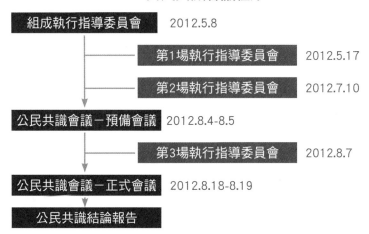

組成執行指導委員會　2012.5.8

第1場執行指導委員會　2012.5.17

第2場執行指導委員會　2012.7.10

公民共識會議－預備會議　2012.8.4-8.5

第3場執行指導委員會　2012.8.7

公民共識會議－正式會議　2012.8.18-8.19

公民共識結論報告

資料來源：廢棄資源物填海造島（陸）政策評估公民共識會議成果報告

抽選20位公民　代表全民發聲

　　既是公民共識會議，當然公民才是主角，但臺灣千萬人口，誰才能代表參加這個攸關臺灣環保永續發展的重要會議呢？

　　林子倫助理教授說，為了維持公民共識會議的討論品質，透過公開招募遴選，20位公民成員已是極限。且為了反映社會人口特質，先將報名者依教育程度、年齡和性別分層排列名單，決定每個分層應抽取多少人數，再採取分層隨機抽樣，使公民小組在居住地分布和背景上能具有多元性。此外，公民代表也要排除專業、利益代表、意見領袖與主導議題的人士。

　　公開招募共55人，並由執行指導委員會在第2次會議上抽選。人數比率經計算結果，本次公民共識會議應抽選各特質人數比例，包含男性11人、女性9人；20-39歲8人、40-59歲10人及60歲以上2人；學歷部分高中職以下4人、大專10人及研究所以上6人；居住地區含北區10人、中區4人、南區5人及東部離島1人。另為了確保抽選作業之公平與公正性，抽選作業全程錄影存證，並由執行指導委員推派代表於現場監督作業流程，並將選取名單公布於環保署網站上。

預備會議密集授課　建立對話基礎

　　與會的公民雖然會事先拿到會議的手冊資料，但對廢棄物填海造島（陸）議題與公民共識會議的意義，仍是一知半解。因此，預備會議就有如補習班的考前密集班，利用兩天的時間，建立與會公民相關認知與基本知識，以利後續討論時可具有深入討論議題的基礎能力。

　　環保署廢管處吳天基處長強調，「零廢棄」是我國處理廢棄物的基本原則，但實際執行上仍有無法回收再利用之廢棄資源物，如營建剩餘物、水淬高爐石、脫硫渣、轉爐石等。因此提出廢棄資源物填海造陸的處置方案，將廢棄資源物作為現行填海造島（陸）計畫的填料，不僅為事業廢棄物尋找最終歸所，也能創造更多的附加價值。

　　臺灣大學海洋研究所范光龍教授則認為，海洋環境多樣多變，破壞之後恢復不易，重大工程建設應審慎評估。而長期追蹤臺灣廢棄物處置狀況的臺南社大環境行動小組吳仁邦研究員提醒，政府要全盤考量廢棄物管理政策，海洋使用應該更嚴謹的被提出，而不是用一個島去掩埋廢棄物就是最終處理，而是應該從原料處理就該管理。

　　兩天的課程及與專家面對面的詢答，與會公民關切的則是現行的法規是否完

公民小組成員抽選流程

1.回收報名表	
統計報名人數及特質分布	統計各特質之全國分布

2.於第2次執行公民共識會議指導委員會中，由委員討論決定抽選原則	
抽選原則的確定	分層隨機抽樣方式

3.平衡全國人口及報名者的特質分布期望值	
調整各特質應抽選人數	以（全國期望人數+報名者期望人數）/2，進行調整

4.排除已有表達意見管道的專家學者、與議題相關工作者及利益相關者
避免與會的公民遭受意見領袖或已有特定強烈立場者主導，而喪失理性討論的空間

5.確認名單及補抽	
會後立即與抽選中之公民聯絡，確認可全程參與會議	排除無法參與者，並進行補抽至名單確定為止

資料來源：廢棄資源物填海造島（陸）政策評估公民共識會議成果報告

備、國外成功案例經驗是否適用，政府廢棄物處理與填海造島（陸）的資訊公開程度，以及填埋廢棄物的種類規範定義、監督及管理機制為何？如何落實以避免海洋污染、後續緊急應變措施等。並提出在正式會議時能邀請特有生物研究保育中心、行政院公共工程委員會、經濟部工業局、交通部航港局、高雄市政府環保局等專家及機關代表列席對談，協助理解和釐清相關疑慮。

正式會議提問釋疑　凝聚公民共識

　　公民共識會議正式會議，以公民提問為主，學者專家說明為輔進行。與會公民提出法規完備、源頭減廢、料源相關規範、資訊公開、替代方案與控管監測機制等6大面向議題與專家進行交叉對談。

　　中央研究院生物多樣性研究中心陳昭倫研究員則從海洋生物學和氣候變遷的角度，提醒在場公民思考，面對加劇的環境及海洋變遷，臺灣採取填海造島（陸）的環境和經濟風險，以及依據過去臺灣填海造島（陸）對海岸環境及生物多樣性的經驗，提出臺灣海洋特性是否適合大規模填海造島（陸）之問題。

　　國立成功大學法律系王毓正教授認為，政策環評著重於意見徵詢，針對政策在

■臺北港目前之填埋料種類包括陸域土方、浚渫土方、淤泥。（照片提供／臺灣港務股份有限公司）

社會、經濟、資源、環境各方面的影響進行大範疇評估，方向應避免偏離或開發行為的累積效應。現在的政策環評應該思考這些高耗能、製造污染廢棄物的能源和產業怎麼會在臺灣，而不是只看、只處理最末端的問題。

　　與會公民普遍肯定共識會議的精神，在政策訂定初期即邀請人民直接參與溝通討論，環保署也認真回應在預備會議中大家提出關切的議題，所有與會者面對嚴肅又充滿爭議性的課題，都願意持續參與到最1分鐘，並積極提出意見。

2項前提　3大面向　11項主張

　　與會公民小組在正式會議後發表結論報告，認為廢棄資源物填海造島（陸）計畫應在兩個前提下推動。首先，是討論範圍以既有港區與濱海工業區範圍為限，前者應明確列舉。其次，在零廢棄的政策目標下，應制訂完善的相關法規及政策考量，並與社會大眾進行溝通，取得行政跨部會機關及人民的共識，形成一個良好的操作範本後，才進入下個階段的政策推動。

　　結論包括3大面向11項主張。在法源與法規方面，優先考量產業源頭減廢，落實廢棄物清理法與資源回收再利用法二法合一的修法。當對源頭減廢、陸上掩埋有更具體的規劃，相關配套措施都無法滿足最終處置的情況下，主管單位應提出具體且明確的急迫性需求，再來推動本計畫。

　　第2面向，則是建議參考日本的公有水面埋立法、環境影響評估法的內容，增訂或修改本國海洋污染防治法、海岸濕地法、海洋生態保護法等法規，或訂定獨立之綜合性法規。第3面向，是加強事業廢棄物相關法規及管理措施。

　　另外，在料源管理相關議題方面，與會公民亦提各項主張。其中較為重要的內容包含是主張填海造島計畫應分階段推動，第1階段以天然、無害低爭議性的料源為主，進行小型的實驗累積長期監測的數據，再做第2階段的推動。至於未來具爭議的料源，進行填海造島（陸）的工程時，應召開專家會議進行更專業多元的評估研議，再決議要採用環境影響評估或環境差異影響評估進行審查。

　　時任環保署署長沈世宏前署長並在會後表示，此次率先於政策環評過程中即辦理公民共識會議，就是為了能符合審議式民主的精神，落實資訊透明公開、傾聽民意，而公民達成共識結論：2項前提、3大面向、11項主張，並體認到事業廢棄物最終處置掩埋場所的不足，是臺灣當前不可承受之重，這些都是達成本次舉辦公民共識會議最終目的之具體成果。環保署後續也將參採公民共識會議的結論做為指導原則，和全民共同朝這個方向努力。

■南星計畫解決高雄市營建剩餘土石及焚化底渣及飛灰衍生物等處理問題。（照片提供／臺灣港務股份有限公司）

突破傳統思維　超越專家視野

　　舉辦這次公民共識會議，突破傳統公共政策制訂的思維係交由學者專家共同研商促成的，並公開遴選邀請20位公民，讓民眾藉由日常生活經驗與關切，對議題提出見解，超越專家學者有限的視野，增進政策規劃的周延程度、影響力及說服力。

　　期間，公民小組成員們也做到了獨立自主發表正反意見，未受干擾。此外，與會專家學者跟公民們對談的互動性強，環保署也及時提供相關訊息，如預備會議第2天公民所關心的27項議題，環保署於會後3天即提出初步說明；正式會議第1天公民小組提出關於「資源循環再利用法」草案第16條中，網路版與環保署提供的版本條文內容不同，關切環保署初擬廢棄資源物進場收受標準草案內容等，環保署隔天隨即提出說明，充分尊重公民們的討論，過程也全程錄影線上轉播，讓「審議式民主」更透明公開，並與環保團體建立良好互動關係，讓雙向互動的對話管道更暢通。

時機的選擇應再琢磨　好還要更好的進步空間

　　只是，第1次在政策環評階段即納入公民參與機制的填海造島公民共識會議，擔任執行指導委員之一的黑潮基金會張泰迪執行長仍認為，會議舉辦的時機稍顯尷尬。當前公部門在擬訂政策前，較缺乏取得民意的步驟，公民共識會議可以做為一個取得民意的方法，但這次的共識會議讓人感覺是環保署已經決定推動廢棄物填海造島（陸）的政策才舉辦會議來徵詢民意，而不是在推動之前就先聽取民眾的聲音，有點像「補考」。

　　另外，題目的制訂不夠明確，有點不上不下，導致最後的結論過於廣泛而失去焦點。他舉例，在會上有公民提問會以什麼樣的廢棄物來填海造島（陸），預定的地點有哪些，是要造島還是造陸，也還沒有確定，所以最後的結論看起來並不像是針對廢棄物填海造島（陸），而像是一個廢棄物處理的原則與方向，有點可惜。

　　儘管如此，張泰迪執行長還是很肯定舉行公民共識會議的用意和形式。過程中，公民參與的狀況很好，只是民眾對於如此形式的民主參與還是有些陌生，都是在學習中摸索。張泰迪執行長說，「理想的公民共識會議應是在同一個平台上討論政策，但這次的公民共識會議似乎還不能達到這個理想，未來若在執行的時間點與細節，有更細緻的考量，讓這個民主參與的形式可以取信於民，這樣的公民參與將更具意義，也能減少政策制訂和推動的阻力。」

結語

　　為充分溝通民意，環保署除了在辦理政策環評過程中，即辦理此場公民共識會議，同時也辦理政策論壇，使各界皆能瞭解政策內容。並於2012年底至2013年持續在北、中、南各地區舉行政策環評公聽會，除了說明此政策的迫切性與需求性，積極向社會大眾說明，也希望廣納民意，爭取各界的了解與支持。此外，過程中也積極召開各領域的專家會議，以取得科學事實依據，相信在配合政策環評制度結合公民參與機制下，公民的聲音都將成為未來政策設計時的重要參考依據。

參考文獻／
・臺灣大學政治系林子倫教授團隊（2012.9）。廢棄資源物填海造島（陸）政策評估公民共識會議成果報告。行政院環境保護署委託計畫。
・沈世宏（2012.12.13）。推動安定化無害化廢棄資源物填海造島（陸）計畫專案報告。立法院第8屆第2會期社會福利及衛生環境委員會行政院環境保護署專案報告。

第2篇

風險評估與管理

專家代理會議 & 人民共同監督

公民參與環境決策的第二個層次,即是在發現癥結點、找到我們居住的環境真正急待解決的問題和需求後,透過科學的檢視程序,基於調查、統計、歸納與推論等方法,以理性的數據、客觀的專業判斷,進行風險評估與管理,確認因果利弊,以利在處理這些問題時,確認可承擔的風險有多少。

近年來,環保署在面對重大的環境爭議議題時,即是透過風險評估機制,邀請專家學者以其專業的學術經驗背景,組成專家會議,代理公民行使決策參與的權利。而專家會議的形成,即是由爭議的各方推薦具該議題所需專長的專家參與,針對爭議事件的相關調查推論及事實數據,進行價值中立的討論與查核。

然而,舉行專家會議,真正的目的是在提供決策機關「是不是」的參考。也就是說,專家僅是代理民眾確認各項事實與不確定性,讓決策者能夠從中掌握正確的資訊,以便在後續考量價值取捨或利益平衡的風險管理決策過程中,為環境正義做出最適切的判斷與決定。

繼風險評估階段,專家會議提出「是不是」的建議參考後,接下來則會進入風險管理的政策決議階段,也就是根據利益相關者的利益損害權衡及價值取捨,決定「要不要」推動此項政策的程序。

在這個階段中,環保署採行一種更貼近公民參與的作法,則是在評估、管理過程中,即納入利益相關者(或稱公民)的提案建議做為參考,此舉將更了解民之所需,找到符合環境與人民真正的解答。

美國聯邦政府,也有類似的環評制度施行,乃依國家環境政策法(National Environmental Policy Act,簡稱NEPA)要求而來,該法要求聯邦各機關在依法透

過其所管理的計畫、功能和資源來做決策時，必須考慮這些決策所造成的環境影響，以及是否有合理的替代方法可以減輕這些影響。

其中，對環境有（或可能有）重大影響者，則應經由環境影響報告（Environmental Impact Statement，簡稱EIS）之程序步驟檢視。在這個步驟當中，首先要詳細討論該案件的必要性和可行替代方案，政府機關要求必須儘可能的詳細討論，甚至將資訊公開公告，廣納大眾參與和相關單位協同審閱的過程，以利集思廣益，不要漏掉任何好的、可行的建議方案。其廣納公民參與意見、匯集利弊評估，與環保署在風險評估階段採行之作法雷同。

回到第二篇章中，藉由2007年在桃竹一帶發生的霄裡溪廢水排放事件，以及2008年在高雄潮寮發生的空氣污染事件，更深刻說明環保署在風險評估階段，啟動專家會議的適切性與必要性。

無論是霄裡溪廢水排放事件中，環評會議審查通過兩家光電公司的廢水排放，或是在後續專家會議因自來水公司取水口問題，提出廢水改排桃園老街溪的建議；抑或是潮寮空氣污染事件中，邀集各方推派專家學者組成會議，以科學方式判定污染責任歸屬等等，都是風險評估階段中，讓證據說話、釐清事實真相的解決之道，也讓兩起重大污染事件順利落幕，還給人民清淨、沒有健康憂慮的美好環境。

參考文獻／
‧美國環境影響評估事務案例之研析及參考手冊編制專案研究計畫。中華民國永續發展學會（2011），行政院環境保護署委託計畫。
‧國立臺北大學公共行政暨政治學系（2013）。核發環保許可過程中公民參與機制研究計畫。行政院環境保護署委託計畫。

專家代理會議

潮寮
空氣污染
事件

科學檢測找證據
舉證責任反轉求眞相

2008年，發生在改制前高雄縣大寮鄉潮寮村的空氣污染事件，是臺灣史上重大的環境公害案件之一。由於被點名是污染源的大發工業區不只一家工廠，飄散在空氣中的不明氣體又飄忽不定，唯有依靠各方推薦的專家學者組成公正客觀的查證小組，採用科學檢測數據做為證據，努力追緝元兇，才能還原事情真相，並杜絕類似事件再次發生。

潮寮空氣污染事件

時間回到2008年12月1日上午8點30分，高雄縣潮寮國中的同學正專注上課，寧靜的校園內卻突然傳來陣陣類似農藥的氣味。15分鐘後，對面的潮寮國小師生也都聞到一股奇怪噁心的酸味，不明氣體的侵襲造成兩所學校多人感到身體不適，有84名師生陸續出現頭暈、噁心、嘔吐、咳嗽等症狀，被緊急送往鄰近醫院進行急救。

這樣不明氣體的空污事件，並非第一次。高雄縣潮寮鄉因緊鄰大發工業區，潮寮國小與工業區甚至僅有一路之隔，中間沒有緩衝綠帶，過去村民就不時抱怨村內有不明臭味，但查不到元兇，也無可奈何。

這次的潮寮空氣污染事件則顯得不同。最早被送醫的潮寮國中三年級盧姓女同學回憶當時情況：「臭味散布得太快，老師叫大家關窗時已經來不及。」郭虹珠校長則說：「過去就曾多次聞到這種怪味，只是那天早晨的味道特別重。」

由於受到不明氣體影響的師生太多，學校只得趕緊宣布停課，並把八百多名師生送往其他學校暫時安置。怎料，隔天早上潮寮國中校內舉行期中考，又有一名同學在考試途中因聞到刺鼻氣味，再度急奔廁所嘔吐。同日，潮寮村民集體包圍大發工業區服務中心，村民將矛頭指向工業區內工廠，認為污染元兇就在裡頭，要求政府3天內揪出元兇。

毒氣飄忽再現　二次入侵校園

潮寮村發生空污事件後，當時的環保署邱文彥副署長即南下視察，並提供20萬元檢舉獎金，呼籲廠商主動出面，同時也請稽察員巡查。只是萬萬沒想到黑心廠商仍有恃無恐，12月12日不明氣體又再對潮寮國中造成污染，潮寮國小也有學生再度聞到異味。臭味持續約10分鐘後飄散，校方將兩只以塑膠袋採樣的空氣樣品交給環保局。

短短不到半個月的時間，就發生兩次不明氣體污染事件，引發當地居民怒火，要求當局立刻揪出元兇，但事發當時未能及時採取空氣樣品，或採集的空氣樣品濃度不足，造成追查鑑定困難，整個查證工作陷入瓶頸。大寮鄉黃天煌鄉長看到孩子飽受毒氣摧殘，怒火中燒，表示若環保署不揪出元兇，將發動3,000人抗爭，封閉大發工業區所有出入口。

尋找最大公約數　專家代理機制啟動

潮寮屢次發生不明氣體污染情形，居民長年遭受工業區廢氣污染，早就積怨已

久。本次污染事件發生後，鄉民都認為大發工業區就是罪魁禍首。另一頭的大發工業區廠商，當然沒有一家願意承認犯行，甚至極力喊冤，認定自家工廠排放的空氣污染完全符合標準，雙方各執一詞。

然根據環保署檢測發現，12月1日上午7點至9點，潮寮國小監測站的確出現二氧化硫（SO_2）濃度急速升高的現象，飆升到極大值時有211ppb，高出平常的10倍以上。但這也只能說明有工廠排放氣體，無法直接證明與學童不適有關。此時高雄縣政府環保局也表示要調查列管工廠的製程，追查究竟是哪裡出了問題。

類似潮寮空氣污染的問題並非像工廠煙囪排放那樣簡單，污染物會隨風向飄動，只憑主觀身體的感受無法確認污染源，需要更加客觀的科學鑑定來查出源頭。因此環保署委託工業技術研究院在潮寮國中架設紅外線遙測光譜儀（FTIR），同時教導潮寮國中教師使用真空採樣瓶，以便在有異味出現時可以立即採樣。

環保署沈世宏前署長在12月13日也拜會立法委員陳啟昱及潮寮村長，說明將啟動專家代理、公民參與機制，預計邀集經濟部、大發工業區廠商聯誼會、高雄縣政府、高雄縣大寮鄉公所等機關單位推派專家學者與會，以科學方式判定責任歸屬，同時邀請潮寮鄉公所儘速推薦具空污或化工製程背景的專家學者參與。

紅外線遙測光譜儀（FTIR）

紅外線遙測光譜儀是一種利用紅外線來感測污染物的儀器。其原理是利用氣體分子可以吸收特定波長紅外線的特性，再比對紅外線吸收圖譜與標準圖譜，就能判斷出氣體的種類。而透過氣體分子吸收的強度與濃度，來比對光譜，也能了解物種的濃度。

FTIR因為具備多種化合物同時辨識、即時量測的能力，再搭配當時的氣象資料，就可分析出污染來源，並判讀彼此間交互的影響。因為FTIR可以大範圍且長期持續追蹤，又能同時監測多種化合物，現在多用於廢棄物掩埋場、廢水處理廠、石化廠與工業區的污染監測作業。

查證模式成型　稽查作業如火如荼

12月19日下午2點在大發工業區服務中心舉行了「高雄縣潮寮國中及國小空氣污染事件查證小組」第1次工作會議，互選出召集人並確立小組運作模式。會議

中也做出決議，要求蒐集就醫學童的病症資料供醫師參考。小組啟動後數日針對聯仲科技、聯仕、大連化工、臺灣寶理、長春石化、長春樹脂大發廠及大發廢棄物處理廠等工業區內污染源進行稽查，搜集廠商生產及操作資料。

空氣污染查證難度很高，如同警方辦案，需要抽絲剝繭，稽查人員必須將學校採集的空氣樣品與可疑工廠排放的空氣相比對，原本就不是件簡單的事。就在查證小組努力釐清案情時，12月25日竟然又發生第3次空氣污染事件，32名師生感到不適送醫，校方與村民忍無可忍，透過社區廣播請兩校師生暫停上學，以免生命受到威脅。

空污來源多元　真凶難現形

26日上午，怒氣沖沖的村民協同聲援的民意代表聚集在可疑禍首——大發工業區聯合污水廠外，手持布條，要求暫停處理石化廠與電子廠排放的廢水，最後與警方爆發激烈肢體衝突。28日上午召開的第2次查證小組會議，公布了12月1日迄今的空氣品質監測、檢測數據及環保機關查核工廠文件等資料。此次會議也決議比照查證小組模式，邀集各方推薦的臨床毒物專家及職業病專家，總計10位專家組成健康影響評估小組，評估大發工業區排放的污染物在流行病學上的影響，以及與送醫急救的潮寮國中師生間的關聯。

這次會議當中另一項重要的決議，是與會專家學者都認定潮寮空污事件的造成原因是多元的，其中村民指證的大發工業區聯合污水處理廠是可能的污染源之一，但究竟誰是肇禍者，仍有待進一步釐清。

沈世宏前署長表示，根據校園內的FTIR圖譜，分析出臭氣中含有乙酸乙酯、乙酸丁酯、氨氣、丙酮、乙烯及鄰二甲苯等成分，按照事發當時的風向推估，初步鎖定上風處工業區的4家廠商，但因為排出類似氣體的廠商太多，缺乏直接證據可以指證，必須逐廠取樣分析。環保署南區毒災應變隊主任、高雄第一科技大學環境與安全衛生工程系陳政任教授也說，大發工業區排放的臭氣濃度低，又不是持續排放，毒災中心採樣的確受限。而且，不一定化工廠才會排放類似氣體，藥廠、金屬、食品、組裝廠也都有可能是污染源，大發工業區內廠商種類繁多，必須逐一清查。

第4次空污　民眾憤慨

不料第2次查證小組會議甫結束，29日再度發生空氣污染事件，這次有8名師生

■空氣污染來源難以清查，最後影響到的是民眾的健康。

送醫，其中1位女老師已懷孕。7名患者的症狀包括頭暈、嘔吐、喉嚨乾澀等；而懷孕的女老師，院方特別慎重為其驗血、驗尿，並進行超音波檢查。學校老師表示，自從空污事件發生後，都有發送竹炭口罩給全校師生，但29號的酸臭味持續超過20分鐘，「根本無處可躲」。劉姓學生家長也無奈地說，擔心孩子受害，不敢讓小孩去上學，沒料到復課後孩子又「中獎」，孱弱地躺在床上多日，怎教做父母親的不心痛？

在此同時，第3次查證小組會議有了更具體的數字報告。經環檢所分析、比對上風處5家工廠所取得的空氣樣品指紋圖譜，發現與學校所採空氣樣品有40-80%物種相同，換句話說，5座工廠排放的污染物的確出現在學校的採取樣品之中，但其中也有其他4種物種未出現在工廠取得樣品的指紋圖譜，顯示可能尚有其他污染源。另一方面，同時出現在學校與工廠的污染物濃度，是否就會造成師生主訴的不適症狀，還需要健康影響小組的判讀。另上風處有1家空桶清洗工廠及1家農藥空瓶清洗工廠也有可能傾倒殘餘廢液，造成短暫高濃度的空氣污染物排放。

對此，環保署表示將繼續嚴密監控廠商，要求改善製程，但民眾訴求的是造成污染的工廠必須「立即停工」，無法接受環保署的改善方式。被點名的長春公司、榮工公司及污水處理廠也向媒體吐苦水，表達冤屈。之後經濟部工業局在隔年1月6日發布新聞稿，替大發工業區污水處理廠背書，澄清並非空氣污染事件的元兇，責任歸屬問題越演越烈。

賠償協調會　民眾怒吼還我健康

對於被迫移校上課的潮寮國中學生為表達抗議，紛紛在校園貼出抗議標語：「不是我們要移走，而是兇狠工廠要移走」、「還我校園、還我健康」、「遷校不能解決問題，找出元兇才是根本」。師生們不明白，為何不叫工廠先停工，改善惡臭污染，「為什麼是我們要先離開？」

潮寮居民也提出賠償要求，要求污水處理廠立即遷廠、政府應補償3村村民每人10萬元、對大發工業區做二次環評，另賠償就診學生及村民慰問金，並要求成立空氣監測中心、公害監督委員會等，並揚言若無法達成要求，就要北上抗爭，討回公道。賠償協調會中通過8項訴求，包括半年內政府應進行流行病學調查、健康風險評估，1年內在工業區內設置空氣品質監測中心，環保署、專家學者及地方組成公害監督委員會，並從下學期起提供潮寮國中、國小免費營養午餐及學雜費等。

舉證責任反轉　要求業者自清

首次協調會中，民眾訴求雖獲得部分回應，但關於遷廠與二次環評要求，以及賠償3村居民每人10萬元等訴求被行政院打回票。村民心有不甘，1月16日清晨冒著寒風，1,700多名村民搭乘42輛遊覽車浩蕩北上，到總統府前邀請馬總統「來潮寮long stay」。

潮寮空污事件越演越烈，擴大成為眾所矚目的空污公害事件，被媒體大幅報導。為了讓村民能獲得賠償、空污問題能夠得到解決，環保署決定採用舉證責任反轉制度，要求7家工廠證明污染不是自己引起的，否則都要分攤賠償金。

沈世宏前署長解釋，公害肇事者本就不易查出，為了確保被害人獲得賠償的權益，不一定非要抓出元兇不可。利用舉證責任反轉制度，反過來要求嫌疑廠商提出自清證據，若拿不出證據，就可依照公害糾紛處理法的程序進行求償。

舉證責任反轉

舉證責任反轉為民法當中的一項規定。在一般民事案件中，通常都要受害人負責舉證，但是在公害事件當中，因為肇因較為複雜，舉證困難，如果要讓受害者負責舉證，往往無法獲得應得的救濟，因此轉而要求加害人負擔舉證責任，因此被稱作「舉證責任反轉」。2006年華映公司霄裡溪廢水排放事件，就是採用舉證責任反轉，最後華映公司提出的證據無法說服裁決委員會，讓錦鯉業者獲得損害賠償。

因此，儘管此法一出，被點名的工廠皆氣憤難平，但仍是相繼提出科學數據和工廠運作資料，否認自己是空氣污染的源頭，否則難以卸除賠償責任。只是有的廠商仍堅持強調公司的名譽因此受損，揚言保留法律追訴權。

潮寮空污事件前後歷時近半年，其間歷經多次扮演關鍵性任務角色的查證小組會議、健康評估小組會議與賠償協調會議，藉由各領域專家學者的專業所學背景，代理民眾進行事實的釐清和風險影響評估，站在客觀、科學以及有事實根據的價值判斷上進行討論，最後形成共識建議，供中央和地方主管機關做出正確的決策。

直到2010年4月8日行政院建議環保署與經濟部工業局協調大發工業區廠商，每年提供敦親睦鄰及污染防治費用1,700萬元給大寮鄉公所。2010年5月19日則完成高雄縣大寮鄉敦親睦鄰備忘錄草案，7月22日大寮鄉公所也與大發工業區廠商協進會簽署效期長達20年的備忘錄，將由大發工業區廠商每年提撥820萬元經費做為敦親睦鄰費用，整起事件總算劃下句點。

廣納多方觀點才能化解危機

在這次事件中，擔任查證小組召集人的謝祝欽教授認為，在如此重大的公害事件中，環保署以專家代理、民眾參與的環境風險評估機制，的確有助於化解危機並解決問題。且以科學方式鑑定，並開放民眾參與，整體機制運作已臻成熟，更成為日後環境污染事件解決的最佳典範。

大型公害的特性，常在於污染源的鑑定舉證困難。不管是受害者或是被指控的污染源，雙方都有各自的主觀立場，此時若能適度納入第三方公正客觀的意見，將有助於異中求同，找到大家都能接受的共識。

「在美國也有類似專家代理、民眾參與的機制。國外的模式並非只找學者專家，也會邀請業界、地方議員一起參與，讓意見更多元，但相對複雜性也高很多。」謝祝欽教授認為，公民參與機制需要高度智慧，彼此放下成見，讓科學證據說話，才有辦法達成共識。公民參與過程中往往障礙重重，其中原因在於許多民意代表的訴求不在解決問題，而是尋求自己曝光的舞台。

回首事件始末，謝祝欽教授提出看法：「專家代理、民眾參與的制度為了追求客觀，常必須納入不同立場之利益關係人成員，不同領域的專家都有其專長，如何將專業知識正確傳遞給一般民眾，讓大家都聽得懂，這是挑戰其一。其二就是民意代表必須捐棄成見，要有誠意解決問題，而不是非理性地自我吹捧。」他亦

潮寮空氣污染事件　專家會議決議要點

空氣污染事件查證小組會議

日期	會議名稱	主要決議
2008.12.19	查證小組第1次工作會議	1.互選召集人。 2.確立小組運作模式。
2008.12.28	查證小組第2次工作會議	1.判定污染原因多元。 2.聯合污水處理廠應加蓋。 3.成立健康影響評估小組。
2009.1.2	查證小組第3次工作會議	1.確認污染源為多元污染源所致。 2.公布檢測數據，確認7家工廠是可能污染源。

健康評估小組會議

日期	會議名稱	主要決議
2008.12.30	健康影響評估小組會議	針對受臭氣污染的師生進行健康評估，就其症狀及污染物關聯性作分析比對，並提出必要的健康照顧建議。
2009.1.1	健康風險評估小組第1次會議	1.推舉召集人。 2.對受臭氣污染的師生進行健康評估，就其症狀及污染物關聯性作分析比對，並提出必要的健康照顧建議。 3.確認並建立曝露者涵蓋名單。 4.推估曝露者急性、亞急性健康風險。 5.評估後續健康追蹤機制。
2009.1.17	健康風險評估小組第2次會議	1.委請具醫師身分的委員協助分析病歷資料，並釐清影響之污染物物種。 2.針對潮寮國中、小師生進行健康檢查。

賠償協調會議

日期	會議名稱	主要決議
2009.1.8	大寮空污抗爭事件賠償協調會	1.應進行流行病學調查及健康風險評估。 2.工業區內完成空品監測中心設置，潮寮、會結、過溪3村設置FTIR及風速、風向觀測儀。 3.由環保署、專家學者、地方組成公害監督委員會，直屬環保署。 4.潮寮國中、小學生營養午餐免費及免學雜費。每年每校並設置30萬元獎學金。 5.受污染影響就診或住院之師生及村民，美人發放2萬元慰問金。 6.補助3村巡守隊24小時稽查及防毒設備每年60萬元。

公害糾紛調處會議

日期	會議名稱	主要決議
2009.1.23	第1次公害糾紛調處會議	1.重症兒童每人補償30萬元，並由健康風險評估小組審核認定。 2.將簽訂環境保護協定，再議村民賠償金額事宜。
2009.2.10	第2次公害糾紛調處會議	研擬、協商環境保護協定條文草案，催生敦親睦鄰回饋地方草案。

以這次親身參與的經驗為例，部分民代的非理性作為，不但無助於事件解決，只會火上加油、造成對立，呼籲民意代表參與會議時，應該要尊重多方意見、異中求同。

當然，成功的公民參與，其組成成員也很重要。針對不同事件，可邀請不同領域的專家，例如空氣污染需要查看工廠製程，就可邀請化工方面的專才；半導體產業可延攬電機電子領域專家；與健康方面相關的部分，可找公共衛生領域人員；若需進階到公害糾紛賠償等，則可尋找法律專業人士或協調人員進來，或是熟悉環保法規者協助處理後續事宜。

結語

綜觀這次空污事件，的確激起民眾對於空氣污染議題的自覺，也是對環境主管機關很大的警惕。事件結束後，高雄縣的空氣品質漸有改善，也是這次事件中的一大收穫。而更重要的是，透過潮寮空污事件中啟動的專家會議制度，排除了利害關係人雙方（受害居民和工業區廠商）的情緒性反應，改用大家都能接受的科學證據來釐清污染源，的確讓膠著的案情獲得進展，最後讓事情得以圓滿落幕。

其中扮演關鍵性角色的舉證責任反轉，更是打破公害污染鑑定困難的僵局，尤其是來源不明、事發後難以採證的空氣污染，想要溯源緝兇更是難度空前。而這種歐美國家多年以來處理公害糾紛事件的機制——舉證責任反轉，因由各方共推專家組成查證小組，具備了代表性和客觀性，因此不至於有扭曲事實、故意做出不當推論的情形發生。技術上，由「加害人」自行提出證據證明自身清白，比起由「被害人」必須盲目找尋證據源頭，來得更符合正義原則。

在民眾高度參與社會事件的今日，資訊的公開透明、公正的科學分析，以及良好穩定的運作機制，在類似潮寮如此重大的公害事件中，不啻成為最佳的解決方案，最後才能讓民眾從自立救濟，邁向公力救濟，獲得應有的補償。

參考文獻／
• 謝燕儒、呂理德等（2011）。潮寮的故事：2008年空氣污染事件之省思。臺北市：行政院環境保護署。

專家代理會議

霄裡溪廢水排放事件

廢水零排放
還我乾淨霄裡溪

蜿蜒流經桃園和新竹的霄裡溪，是居民多年來仰賴的生命之水，和每日生活息息相關。2000年，霄裡溪的上游桃園縣龍潭鄉，中華映管股份有限公司（簡稱華映）龍潭園區，與友達光電股份有限公司（簡稱友達）兩家高科技產業公司陸續在此設廠。由於其廢水排放問題引發當地民眾和地方政府的持續關切，直至今（2013）年通過「全回收、無製程廢水排放」之水質優化措施計畫，期待能消弭因廢水排放所引發之爭議。

霄裡溪為鳳山溪支流，溪流發源於桃園縣龍潭鄉店子湖附近，幹流全長16公里，流域面積52.41平方公里，經三洽水、下伯公、大茅埔、照門、四座屋等村，於新埔鎮匯入鳳山溪。

依前臺灣省環境保護處公告水體分類，霄裡溪屬甲類河川，可供民生用水，然2000年及2002年，華映及友達二面板廠於霄裡溪上游處設廠，皆通過環境評估審查，當時環評審查的結論，有留下一但書為「若承受水體規劃為飲用水水源時，本計畫之放流口應設置於該飲用水水源之下游」。

當年參與環評審查的中央大學榮譽教授歐陽嶠暉說，2000年時，對光電產業的放流水了解還不夠多，放流水標準中也沒有針對光電廢水另設標準，因此預留空間，採取了比當時放流水標準更嚴格的標準。依照1998年的放流水標準，生化需氧量（BOD）應小於30毫克/公升，懸浮固體物（SS）應小於30毫克/公升，化學需氧量（COD）小於100毫克/公升。

華映部分則要求，廢水回收再利用比應達75%以上。友達部分，規定製程用水回收率達85%，放流水生化需氧量應小於10毫克/公升，並要求「放流水應處理至總氮10毫克/公升以下，始得排放」，地面水及地下水的監測應增加總有機碳（TOC）。另全氟化物（PFC）處理設備的設置率應達百分之百，去除率應達92%以上。

自來水取水爭議　擴大專家參與

然而，設廠合乎環評審查標準的兩廠廢水排放，在往後的七、八年間，霄裡溪沿岸居民陸續發現水質有惡化情形，開始懷疑與光電廢水排放有關。

毫克/公升

也可寫作ppm，為低濃度之單位，通常用在微量溶液中。所謂ppm（part per million），意即百萬分之一，1ppm相當於一公升溶液內含有1毫克溶質。

光電廢水

光電業因製程特性廢水性質複雜，因此2010年12月，環保署修正放流水標準，針對光電材料及元件製造業，增訂銦、鎵、鉬、總毒性有機物與生物急毒性管制項目。2012年10月，再單獨訂定「光電業材料及元件製造業放流水標準」，並將氨氮分二階段列入管制。

2007年3月，環保署環境督察總隊進行環評監督時，發現台灣自來水公司新埔淨水場在鳳山溪設有自來水取水口，並利用隔離堤防止霄裡溪水流入，另設置鋼管暗渠橫越霄裡溪抽取鳳山溪上游水源，雖未取用霄裡溪水源，但由於擔心臨時設置的取水暗渠及隔離土堤會被沖毀及淹沒，環保署因此函請華映、友達兩家公司提出環境調查報告書。

同年11月，環保署召開「環境影響調查報告書審查會議」，邀集相關領域專家學者與會，針對友達及華映所提出的環境影響調查報告進行審核討論，因台灣自來水公司於會中表示承受水體已規劃為飲用水水源，因此要求兩家公司應依原環評審查結論辦理。這時光電廢水對霄裡溪的影響，開始引起地方民眾關切，直至2008年，因應居民的不斷升溫的疑慮，環保署遂召開 因應對策暨差異分析報告 專家會議，邀集由爭議各方推薦的學者專家組成專案小組審查會，擴大專業參與。從2008年起至2009年，舉行5次專案小組會議及1次專家會議審查，作出改排桃園縣老街溪的建議，並在2009年時，經第177次環評大會通過。

而同年經濟工業局召開「研商解決友達與華映公司龍潭廠廢水排放問題」會議時，釐清原來霄裡溪匯入鳳山溪後約300公尺處之鳳山溪畔北岸，有一個自來水

取水口（3號取水井），每日取水量約 6,800立方公尺，但2004年12月因大魯閣纖維公司新埔廠發生重油外洩污染鳳山溪汲水區事件，台灣自來水公司三區處緊急應變調整取水方式，修築土堤與臨時取水口至匯流處上游，並沿用至今。

專家會議進行程序

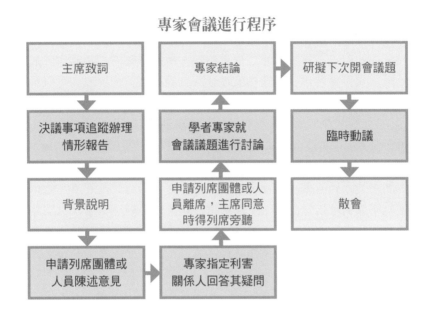

水車載送飲用水　水質檢測無疑慮

當時部分霄裡溪附近的井水用戶，擔心井水受到上游工廠放流水影響，在未完成水質調查評估前，環保署及新竹縣環保局從2008年10月23日開始以水車載送自來水，供應附近的井水用戶。在2008年5月至2009年10月間，環保署依專家會議的結論建議，共進行7次採樣檢驗431個樣品，並未發現異常。確認水井水質均在飲用水標準之安全範圍內，沒有健康風險之虞。原井水用戶可繼續使用井水作為飲用、漱洗及炊煮用水。

在此期間的檢驗過程中，分析掃描水質中所有的金屬項目，只檢測出17項重金屬（砷、鋇、鎘、鉻、銅、鐵、鉛、錳、汞、鎳、硒、銀、銻、鋅、鉬、銦、鎵），其中有14項屬飲用水水質標準管制項目（砷、鋇、鎘、鉻、銅、鐵、鉛、錳、汞、鎳、硒、銀、銻、鋅），除少數水井鐵、錳超過水質標準外，其他項目

均符合標準，而鐵、錳為地質中含有之礦物，並不影響健康。此外，部分水井中測出含有極微量之銦及鉬，採水點最高濃度分別是0.027毫克/公升及0.00692毫克/公升，均遠低於環保署公告之標準值0.07毫克/公升。

環評建議改排老街溪　地方強大阻力

但是改排老街溪，並沒有平息爭議，因為當友達、華映兩家公司向在地的主管機關桃園縣政府提出排放許可證變更申請，桃園縣政府卻不顧環評的結論，以「老街溪水質不得惡化」等理由五度駁回，兩家公司的排放許可眼看就要到期，雙方僵持不下。直到2012年經濟部決定將霄裡溪匯入鳳山溪上游的臨時取水口，取代3號取水井，成為永久取水口，霄裡溪將不再為飲用水水源，因此，兩家公司之放流水以霄裡溪為承受水體，已無違反原環評審查結論，廢水得以續排霄裡溪。

只是，問題又回到原點。霄裡溪沿岸仍有水井，仍為民眾灌溉、飲用的主要用水，不能不顧當地居民的訴求，續排霄裡溪，於是在環保署、桃園縣、新竹縣政府與廠商的協調之下，友達和華映兩家公司在2012年底，提出放流水水質優化措施計畫，朝「全回收、無製程廢水排放」之目標改善，為廢水污染管制寫下新頁。

歐陽嶠暉教授回憶，2000年時的環評會議並不知道沿岸有水井，再加上設廠是在桃園縣，廢水排放許可是桃園縣核發，所以自來水的部分，新竹縣的人員並沒有列席。即使當時以先見之明的高標準，規範兩家公司的放流水標準，也是一個創舉，但仍是衍生出後續的爭議與問題，但也因如此，十多年來，環評的專家審查程序愈來愈嚴謹，參與的層面也愈來愈廣，並因此引起政府對光電業廢水的重視，另訂光電業放流水的規範。

零排放的創舉　環境永續新突破

為了環境的永續，經濟與環保的共存共榮，友達及華映在2012年底提出放流水水質優化措施。

友達提出本次放流水水質優化措施計畫僅限於製程廢水範圍，規劃於廠內增設數套活性污泥膜濾法（Membrane Bioreactor, MBR）回收、一次濃縮、二次濃縮及濃縮液減量單元等設備，變更製程廢水之處理及回收流程。在廢水處理及全回收系統正常運轉下，除生活污水外，達成無製程廢水排入霄裡溪之全回收目標。

施工期間為確保放流水水質符合相關法定標準,故MBR回收單元規劃以逐步擴充方式。另因本案為國內少見之廢水全回收系統,工期含試車預估約需24到36個月,以確保工程品質及系統之穩定。

歐陽嶠暉教授認為,MBR不是新的技術,再加上濃縮分離和減量,用水量可以減少,零排放可行,但耗電量大,一天要增加14.5萬度的用電,大概是20至30萬元的電費,一年要多一億元的營業費用,可以說是「用電來換水」。

他說,既然要零排放,就必須真正做到,萬一設備出狀況,廢水怎麼辦。於是要求有備援系統,一定不能是單一的系統,且廠內要有儲留設備,至少存放6天的量,讓系統有時間修復。萬一還是不行,就用廢水外運,不可以排放到承受的水體中。

世居新埔的動物社會研究會朱增宏執行長,與新埔愛鄉協會從五、六年前即開始關心友達與華映光電廢水排放問題。他說,霄裡溪的問題,是13年前讓光電廠在上游設廠造成的,但不能怪特定人士,畢竟時空背景不同,整個環評的制度大家也都在學習,現在能走到零排放這一步,若真的能落實,的確是一個環保的新契機。

活性污泥膜濾法(Membrane Bioreactor, MBR)回收單元

廢水處理最常用活性污泥法,就是讓廢水流入曝氣池中,與活性污泥作用,MBR就是在傳統的活性污泥曝氣池中加裝數組薄膜組合而成,操作時利用透膜壓力,過濾經過活性污泥處理過的廢水混和液,就成了放流水。由於薄膜孔隙僅約0.1-0.4微米(μm),所得到的放流水品質很好,再搭配逆滲透程序(Reverse Osmosis, RO),放流水可以達到所有回收再利用水的水質標準。

MBR反應槽內薄膜最主要的功能就是過濾機制,固體顆粒會被攔截在薄膜表面,水分子才能通過薄膜,達到水質淨化的作用,薄膜本身具半滲透性與選擇性,只可分離特定物質,屬於單純的物理分離程序,放流水本身的化學與生物性質不會改變。優點是放流水中無雜質,並可濃縮污泥濃度;缺點是薄膜會阻塞問題,成本高。

資料來源:周明顯/中山大學環工所教授(2010)。廢水處理技術與回收現況介紹。

目前友達和華映的排放許可到2015年12月31日,2013年由桃園縣政府和新竹縣政府聯合召開的「友達、華映公司廢水全回收、零排放工程執行監督小組」會議中,要求兩家公司必須在此日期前完成製程廢水全回收、零排放。執行過程若有問題,桃園縣政府將主動邀集相關部會協助。

朱增宏執行長認為,由於目前兩家公司的水質優化方案正要開始施工,零排放的目標能否真的準時達成,政府的立場一定要站穩,只要環保署堅持時間到了零排放,剩下的問題由廠商自己去想辦法,監督工程進度的部分由地方政府執行,應該真的就能讓霄裡溪案成為一個未來環評學習的案例。

他強調,環保署和地方政府都應堅守這個期限,大限一到,如果工程延誤,廢水就只能外運,不能再排放霄裡溪,這樣才算是達成了「零排放」的目標。

友達和華映公司零排放後,接下來應該做的是如何讓河川休養生息,恢復生機。朱增宏執行長也表示,雖然霄裡溪沿岸仍有其他的工廠,但因為霄裡溪的光電廢水排放,民眾的環保意識抬頭,環保署只要誠懇與地方溝通,就能結合公民參與、專家代理的機制,進行霄裡溪的生態保育,讓這條他記憶中的清流,再現生機。

製程廢水全回收方法示意圖

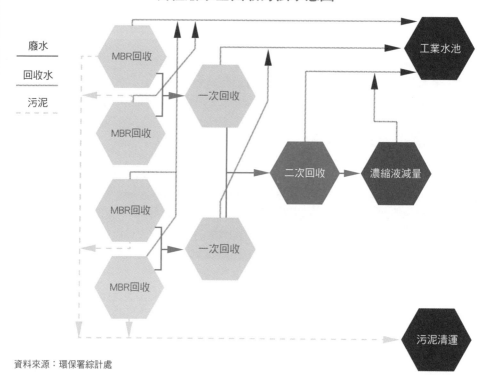

資料來源:環保署綜計處

霄裡溪廢水排放事件

公害糾紛事件緊急紓處應變流程標準作業程序

　　為主動、迅速與積極處理造成民眾傷亡、財產損失的突發及緊急性公害糾紛事件，使地方機關於接獲公害事件通報後，適時啟動紓處作業，以利公害糾紛事件之紓處、調處或裁決處理，並減輕公害事件影響及避免糾紛擴大，環保署訂定一套標準作業程序如下，其中，專家代理機制即為其中審議事證、釐清事實的重要環節。

地方環保局得知事件發生後，應立即派員前往查處，了解污染及損害情形，以及是否造成民眾傷亡或財產損失。

地方環保局啟動紓處作業，並於24小時內通報環保署管考處、衛生福利部。

經地方環保局研判有造成公害糾紛之虞者，當地政府應啟動「公害糾紛緊急紓處小組」進行蒐證調查。

當地政府進行蒐證調查作業時，應督導各有關機關（環保局、農業處、衛生局、警察局、民政局、教育局）採行適切的處理措施。

如公害事件引發當地居民圍廠抗爭求償，地方政府可邀集由爭議各方推薦之學者專家組成污染查證、健康影響或損害程度評估小組，以科學、公正客觀之立場審議事證、釐清事實。

地方政府公害糾紛緊急紓處小組進行緊急紓處應變期間，環保局應每日向環保署彙報處理情形，環保署認必要時，得召開公害糾紛督導處理小組。

地方環保局對於排放污染物者應加強稽查管制，並函請其目的事業主管機關督導或協助輔導改善外，以防污染再度發生。

蒐證調查作業完成後，地方環保局應將事件調查結果回報環保署。

資料來源：環保署

結語

等了13年，霄裡溪沿岸居民對於免除光電廢水污染疑慮的夢想，終於有實現的可能。環保署站在中央主管機關的立場，在過程中與地方政府及二面板廠持續溝通，並研議最適的解決方案，除召開無數次的環評會和專家小組會議，希冀藉由科學的事實證據，專業審慎的判斷後議定決策，或尋求降低風險的替代方案，以取得整體最佳的風險和利益平衡。

儘管事件發生期間，地方人士及NGO等各方團體持不同的主觀立場積極反對、抗爭，甚至透過媒體和輿論力圖在短時間內、事實尚未確認之時，即扭轉事件發展方向。然而，環境議題的各利益相關人（或團體），本就持各自不同的利益觀點，當各方都堅持維護自身的利益時，科學的證據和數據，就是決策時最佳的參考依據。未來，環保署在面對類似的環境事件時，也將秉持不變的精神，透過公民參與、專家代理的機制，取得平衡的決策程序與成果。

參考文獻／
· 公害糾紛事件緊急紓處應變流程標準作業程序（2010.2.6）。環保署公害糾紛處理資訊系統。http://ivy5.epa.gov.tw/sedr/zh-tw/Appraisal_About.aspx
· 朱淑娟（2013.2.8）。友達「廢水零排放」初審通過，霄裡溪的魚會再回來嗎？環境報導Blog。http://shuchuan7.blogspot.tw
· 周明顯/中山大學環工所教授（2010）。廢水處理技術與回收現況介紹。行政院環境保護署環境保護人員訓練所。http:\\www.epa.gov.tw/FileDownload/FileHandler.ashx?FLID=16152

霄裡溪廢水排放事件大事紀

時間	事件
2000.5	中華映管龍潭廠通過環評審查。
2002.12	友達光電龍潭渴望園區廠通過環評審查。
2007.3-2007.5	環保署環境督察總隊進行環評監督時，發現台灣自來水公司在鳳山溪設有自來水取水口，並利用隔離堤防止霄裡溪水流入，另設置鋼管暗渠橫越霄裡溪抽取鳳山溪上游水源，因恐兩事業放流水影響下游水源水質，故要求提出環境影響調查報告。
2007.11	環保署召開環境影響調查報告審查會議，於會中台灣自來水公司表示承受水體已規劃為飲用水水源，會議結論要求華映、友達應依原環評審查結論辦理。
2007.12	環保署環境影響評估審查委員會第161次會議要求二事業提出因應對策。
2008.9	環保署召開「因應對策暨差異分析報告之專家會議」，將各方推薦之專家，一併納為專案小組審查會成員，擴大參與。
2008.5-2009.10	環保署依專家會議意見及建議，共進行7次採樣檢驗431個樣品，並未發現異常。確認水井水質均在飲用水標準之安全範圍內。井水亦檢出17項重金屬，除少數水井鐵、錳超過水質標準外，其他均符合標準，鐵、錳為地質中含有之礦物，評估不影響人體健康。
2009.5	第177次環評大會決議廢水改排桃園老街溪美都麗橋為較佳方案
2010.4	友達、華映依177次環評大會決議，向桃園縣政府提出排放許可證變更申請，被以「老街溪水質不得惡化」等理由五度駁回。
2012.3	經濟部決定「將鳳山溪及霄裡溪交匯上游鳳山溪臨時取水口設為永久取水口，霄裡溪不再為飲用水水源」，由於續排霄裡溪已未違反原環評審查結論，故桃園縣政府再發給友達5年排放許可。
2012.9	監察院調查報告出爐，要求行政院3個月內協調相關單位解決。
2012.11	友達公司向桃園縣政府提出放流水水質優化措施計畫，預計2至3年完工。
2012.12	華映公司向桃園縣政府提出放流水水質優化措施計畫。
2013.1	桃園縣政府同意友達、華映公司之水污染防治措施計畫變更。
2013.3	環保署環評委員會審查通過友達公司放流水水質優化措施計畫之環境影響說明書變更內容對照表。

資料來源：環保署綜計處

研商公聽會議

細懸浮微粒 PM$_{2.5}$空氣品質標準訂定

政府環團凝共識 水到渠成訂標準

2012年，環保署將PM$_{2.5}$納入空氣品質標準並啟動標準監測，成為30年來重大的空氣品質立法。環保署其實早在2007年即已延請專家學者投入PM$_{2.5}$的來源、形成、傳輸研究與空氣品質標準值研訂，。此立法過程與研定恰為政策之窗（policy window）開啟良機，匯集政府近年兼顧環保與產業發展的政策方向、與學術單位合作環境監測，以及民間環保意識抬頭等政治流、政策流與問題流三方，因此才能在短時間內，比照美日等國，訂定嚴格的標準。

細懸浮微粒PM$_{2.5}$空氣品質標準訂定

回顧2011年4月3日在彰化「全民拒絕國光石化萬人拼健康」餐會上，彰化縣活力旺企業協會、彰化縣芳苑鄉反污染自救會、彰化縣醫界聯盟提出「請將PM$_{2.5}$列入空污管制，以維護人民健康」議題，與會的馬英九總統允諾將儘速研議辦理，這場從國光石化事件衍生而來的訴求，重新激起國人對空氣品質影響健康的重視。由於這場反國光石化餐會，一方面讓國人再次正視石化工業對偏鄉居民的影響，另一方面也激發NGO與媒體對於細懸浮微粒PM$_{2.5}$的討論。

反國光餐會結束後隔月5日，彰化醫界聯盟暨臺灣健康空氣行動聯盟在立法院召開「總統奮起 臺灣新生：立刻將PM$_{2.5}$納入空污管制」記者會。同年11月19日地球公民基金會舉行「細懸浮微粒PM$_{2.5}$對國人健康影響」座談暨說明會，環保署空氣品質保護及噪音管制處處長謝燕儒出席時表示，環保署為制訂PM$_{2.5}$標準的規劃作業，已陸續邀請多位專家學者，研議標準訂定方法論和微粒健康風險評估等工作。

民間對此議題的推動十分積極，2011年12月25日臺灣婦產科醫學會、臺灣神經學學會、彰化基督教醫院、彰化員生醫院、彰化醫療界聯盟、臺灣生態學會、臺灣健康空氣行動聯盟等團體，在臺大醫院國際會議中心召開「細懸浮微粒PM$_{2.5}$對國人健康的影響與對策」高峰會，邀集各領域專家學者每人進行15分鐘的演講。這一連串民間自主的行動與彼時媒體節目的討論，在在都可見國人對於健康生活的渴望。

PM$_{2.5}$並非新興污染物，它產生於自然界和人類行為，長久以來懸浮在空氣中。因為PM$_{2.5}$小到肉眼難見，再加上重量極輕，往往可在空氣中懸浮兩、三個星期，並在人體吸入後穿過肺泡再跟著血液循環全身。由此可知，展開隱形翅膀飛翔在我們身邊的PM$_{2.5}$對健康危害可見一斑！

細懸浮微粒PM$_{2.5}$

細懸浮微粒PM$_{2.5}$（Fine Particulate Matters），係指懸浮在空氣中氣動粒徑小於2.5微米（μm）以下的粒子。PM$_{2.5}$粒由於粒徑極小，僅約人類頭髮直徑的1/28或沙子的1/35，可輕易地夾帶戴奧辛、重金屬等有害物質，穿透呼吸道和肺泡，進入血液循環中影響人類健康。其來源可分為自然界產出及人類行為產出等二種：自然產生源包含火山爆發、沙塵暴、地殼岩石、生物排放、裸露地揚塵、海浪等；人類行為如化石燃料、工業排放、垃圾及紙錢燃燒、車輛排放廢氣及車行揚塵等移動源廢氣，以及農地施肥等。

　美國，是世界上最早意識到需將PM$_{2.5}$列入空氣品質標準的國家，但在1997年立法訂定空氣品質管制標準時，美國已針對PM$_{2.5}$做了多年的觀測研究；2006年，WHO發表空氣品質準則報告提出PM$_{2.5}$準則值，歐盟則於2008年訂定年平均值。

　臺灣是在2006年開始運用自動儀器監測PM$_{2.5}$，2009年委託臺灣大學公共衛生學院職業醫學與工業衛生研究所鄭尊仁教授進行為期3年的「細懸浮微粒空氣品質標準研訂標準」計畫，2011年4月馬總統對NGO承諾立法制訂相關空氣品質標準值時，環保署即如期提出標準值的建議報告；這3年的研究調查，亦是歐美國家針對相關需監測的法規訂定最基本的觀察年限。

■車輛排放廢氣及車行揚塵是都市中常見且日趨嚴重的空氣污染問題。

細懸浮微粒PM$_{2.5}$空氣品質標準訂定

專家學者研商　匯聚專業意見

「臺北的天空，有我年輕的笑容，還有我們休息和共享的角落……」1985年紅遍大街小巷的歌曲〈臺北的天空〉，唱出令人嚮往的昂揚氣息，清新亮麗的天空是你我所期待。

跟隨國人對空氣品質要求日嚴的腳步，在修正空氣品質標準之前，環保署在2007年6月至2008年3月執行「空氣品質指標調整規劃及細懸浮微粒PM$_{2.5}$空氣品質改善策略推動與效期評估」，為落實「公民參與、專家代理」之精神，期間邀集相關領域學者專家，進行多場次的研商討論會議，包含8場專家研商諮詢會議，及6場國內專家學者諮詢會議，針對空氣品質指標可行性和評估標準，與細懸浮微粒管制方向和推動時程等相關議題，提出具體的建議與做法。

此外，與會者對該計畫執行期間遭遇到的困難都給予建議，重要的結論包括：因國內規劃PM$_{2.5}$空氣品質標準制訂約需準備4至6年，由於細懸浮微粒污染會依地方特性、環境負荷及居民生活形態有所變化，建議立刻開始針對污染來源、成分分析及圖譜建立、本土化係數建立、清冊建置、檢測及採樣方法公告、本土化評估（健康衝擊、空品模式、社經衝擊）等展開調查工作。

同時，除掌握受體監測結果和污染排放源資料庫之外，亦應了解排放源及受體關係的時空特性，以擬訂管制策略。且專家亦提醒，細懸浮微粒策略規劃及未來推動涉及範圍與領域眾多，應儘快規劃跨部會合作事項，以逐年漸進達成目標。

政策之窗開啟　計畫研究建議標準值

在了解專家學者的意見後，因為空氣品質問題刻不容緩，它不像水可經由過濾、食物可經由篩選，而是人們無時無刻接觸的基本生存所需，因此環保署更要加快速度進行標準的訂定。這樣的時機點，也恰好是政府與民間都對相關問題觀察研究多年，而到達彼此共識匯合的交集，所以促成了訂立細懸浮微粒政策之窗開啟。

2009年，環保署委託鄭尊仁教授研究團隊進行的「空氣品質標準檢討評估、細懸浮微粒空氣品質標準研訂計畫」，於2011年8月提出期末報告，內容說明標準訂定應以健康效應為主要考量，建議採用美國及日本當時標準，即年平均值15 μg/m^3（微克／立方公尺），24小時值35μg/m^3，並建議持續依照新的科學證據，定期檢討細懸浮微粒標準。

　　環保署採納上述研究成果，並分析我國目前細懸浮微粒監測現況，擬訂修正草案，並即刻召開公聽會，邀集各相關利害關係人、NGO代表、專家學者和一般民眾共同與會，說明空氣品質數值高低背後的成因和健康影響效應、各國暴露值研究分析、標準增訂依據、未來監測（手動或自動監測）及管制方式等。並現場回應NGO和相關人士提出的疑慮和檢測值建議，將各方意見納入會議紀錄中，作為最後決策的主要依據。

　　後於2012年5月14日修正發布空氣品質標準，增訂PM$_{2.5}$空氣品質標準，並依據國內健康影響研究結果，以健康影響為優先考量，將PM$_{2.5}$的24小時值訂為35μg/m^3、年平均值訂為15μg/m^3。初步訂於2020年達成全國細懸浮微粒濃度

2012年5月14日修正發布國內各項空氣污染物之空氣品質標準規定

項目	標準值		單位
總懸浮微粒（TSP）	24小時值	250	μg/m^3（微克/立方公尺）
	年幾何平均值	130	
粒徑小於等於10微米（μm）之懸浮微粒（PM$_{10}$）	日平均值或24小時值	125	μg/m^3（微克/立方公尺）
	年平均值	65	
粒徑小於等於2.5微米（μm）之細懸浮微粒（PM$_{2.5}$）	24小時值	35	μg/m^3（微克/立方公尺）
	年平均值	15	
二氧化硫（SO$_2$）	小時平均值	0.25	ppm（體積濃度百萬分之一）
	日平均值	0.1	
	年平均值	0.03	
二氧化氮（NO$_2$）	小時平均值	0.25	ppm（體積濃度百萬分之一）
	年平均值	0.05	
一氧化碳（CO）	小時平均值	35	ppm（體積濃度百萬分之一）
	8小時平均值	9	
臭氧（O$_3$）	小時平均值	0.12	ppm（體積濃度百萬分之一）
	8小時平均值	0.06	
鉛（Pb）	月平均值	1.0	μg/m^3（微克/立方公尺）

年平均值15μg/m³的目標,同時將依國際管制趨勢發展,逐期檢討我國PM$_{2.5}$空氣品質標準,並朝達成WHO提出的空氣品質準則（24小時值訂為25μg/m³、年平均值訂為10μg/m³）為空氣品質改善目標。

NGO討論商議 持續關心研討

在標準研議訂定的期間,2011年4月24日彰化醫界聯盟成員林世賢於自由時報投書〈PM$_{2.5}$與你的健康〉,要求政府有效管制PM$_{2.5}$,以確實改善空氣品質,環保署亦即時針對細懸浮微粒管制情形及空氣品質標準訂定進度説明。相關的建言與投書在近年不斷由NGO提出,這些團體了解,細懸浮微粒對人體影響沒有停止,因此希望政府能將標準訂得越低越好。

PM$_{2.5}$問題所影響層面及結果較為複雜,所以研訂環境空氣品質標準才需更為謹慎。WHO建議各國訂定空氣品質標準時,應考量當地空氣品質對於人體健康風險、切實可行的技術、經濟考慮,以及在政治、社會等相關因素間求取平衡,亦

各國PM$_{2.5}$空氣品質標準制訂現況

空氣品質標準		IT-1	IT-2	IT-3	AQG	歐盟	聯邦	加州	加拿大	澳洲	日本	南韓	香港	一級	二級	泰國	我國
		WHO					美國							中國大陸			
PM$_{10}$ μg/m³	年平均值	70	50	30	20	40	-	20	70	-	-	50	55	40	70	50	65
	24小時平均值	150	100	75	50	50	150	50	120	50	100	100	180	50	150	120	125
PM$_{2.5}$ μg/m³	年平均值	35	25	15	10	25[2]	12	12	-	8	15	-	35	15	35	25	15
	24小時平均值	75	50	37.5	25	-	35	-	30	25	35	-	75	35	75	50	35

資料來源:
· Air quality guidelines-global update 2005, World Health Organization
· Air Quality Standards, Environment, European Commission
· National Ambient Air Quality Standards (NAAQS), U.S. Environmental Protection Agency, United States
· California Ambient Air Quality Standards (CAAQS), California Environmental Protection Agency
· National Ambient Air Quality Objectives (NAAQOs),Health Canada, Canada
· Air quality standards, Department of the Environment, Water, Heritage and the Arts, Australian Governmet
· 大気汚染に係る環境基準, 環境省, 日本
· Changes in and Strengthening of Air Quality Standards, Ministry of Environment, Republic of Korea
· 空氣質素指標,環境保護署,香港
· 環境空氣質量標準環境保護署,中國大陸
· Ambient Air Standards, Pollution Control Department, Ministry of Natural Resources and Environment, Thailand
· 空氣品質標準,行政院環境保護署

即須謹慎考慮當地的情況。

除了委託學術界，持續與NGO溝通，環保署也自2011年起，每年9月與國內研究細懸浮微粒最專業的台灣氣膠學會，協同學界舉辦「細懸浮微粒PM$_{2.5}$管制策略研討」年會，將此年會當成各方論述細懸浮微粒管制作為的平台，讓參與學者、國內各方致力於PM$_{2.5}$控制的相關研究團隊、NGO及政府部門提供控制技術及建議，進而改善PM$_{2.5}$污染情形。

■研訂環境空氣品質標準，以改善空氣品質。

細懸浮微粒PM$_{2.5}$空氣品質標準訂定

管制策略嚴把關　認真執行多管齊下

　　細懸浮微粒成因複雜，管制工作相當困難，但從2006年至2010年全國PM$_{2.5}$年平均值改善幅度約為7.5%來看，在政府及民間積極推動各項空氣污染物排放量削減工作後，細懸浮微粒管制已展現初步成效。現階段環保署管制策略比照先進國家作法，針對形成PM$_{2.5}$可能來源進行管制減量。

　　主要管制策略包含釐清本土化污染特性及貢獻來源，建立長期基線資料；評估研訂我國細懸浮微粒標準方法，持續建置國家排放清冊資料及排放係數；建立健康風險評估、社會經濟衝擊評估及空氣品質模式工具；並持續推動固定源、移動源及逸散源之減量管制措施。

國內PM$_{2.5}$監測年平均值趨勢圖

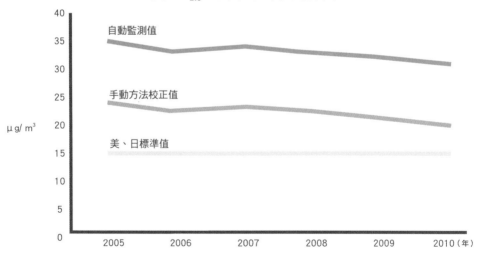

備註／
1.以2006年至2010年監測統計資料來看，全國PM$_{2.5}$年平均值濃度從33.5μg/m³下降至31.0μg/m³，呈現下降趨勢，改善幅度約7.5%。
2.2010年自動監測的全國細懸浮微粒濃度年平均值為31μg/m³，校正回手動檢測值則約20.8μg/m³，為與美國、日本年平均標準值15μg/m³的1.3倍，有改善的空間。

結語

綜合本文所闡述，一個政策與管制標準的形成，實經由長期研究而成，並非一朝一夕可底定並立竿見影。但若能在民間與政府共同的努力之下，不放棄各種溝通的可能性，以建立彼此互信互助的平台，相信都能在公開的討論過程中，為國人共謀更美好的生活環境。

誠如鄭尊仁教授所說的，「交付公民更多的健康議題的發言權」，在法令制訂或修正的審議、研議或公聽過程中，即導入資訊公開作法及公民參與機制，將是未來各行政主管機關重要的課題。而他身為訂定此空品標準的專家，鄭尊仁教授樂見研究能實質影響政策，而不只是累積學術資源。他認為，政府能以國民健康為考量，訂定出預期目標，已是朝好的運作機制發展，但因為計畫監測期間不夠長，蒐集資料尚不夠充足，所以才參考美日標準提出建議，期能在較有彈性的範圍內逐步改善，而不是設定高門檻。據此，鄭尊仁教授建議，$PM_{2.5}$空品標準既已修正施行，政府應從能源產業等政策面建立減量或總體總量管制，NGO亦可逐年檢驗政府是否落實管制，以期能按部就班降低污染量。

最後，分享鄭尊仁教授在2011年底於「細懸浮微粒$PM_{2.5}$對國人健康的影響與對策」高峰會的演講結論，他以畫家陳澄波1947年創作的〈玉山積雪〉與現在看到因空污而染上一層灰暗的山景相對照，慨然地說，臺灣漂亮的山都駐立在那裡，卻因為細懸浮微粒濃度變得不再明媚。「讓我們一起努力，讓我們再度擁有清潔的空氣，乾淨的天空，美好的未來！」這樣的期許，何嘗不是政策制訂者念茲在茲的「明天會更好」呢！

空氣品質改善維護資訊網http://air.epa.gov.tw/Public/OMain.aspx

參考文獻／
• 環科工程顧問股份有限公司（2008）。空氣品質指標調整規劃及細懸浮微粒PM2.5空氣品質改善策略推動與效期評估。行政院環境保護署委託計畫。
• 鄭尊仁等人（2010.6.30）。細懸浮微粒($PM_{2.5}$)空氣品質標準訂定建議及學理分析研究成果報告書。環保署。
• 鄭尊仁等人（2011.8.31）。空氣品質標準檢討評估、細懸浮微粒空氣品質標準研訂計畫期末報告書，環保署。
• 彰化醫界聯盟暨台灣健康空氣行動聯盟在立法院召開「總統奮起　臺灣新生：立刻將$PM_{2.5}$納入空污管制」記者會，http://www.youtube.com/watch?v=5xGcTGlYiyg。
• 鄭尊仁（2011.12.25）。臺灣細懸浮微粒健康效應研究，「細懸浮微粒($PM_{2.5}$)對國人健康的影響與對策」全國NGO高峰會。http://www.youtube.com/watch?v=sjN_h89yucE。
• 大愛電視台（2012.3.21）。空污物質「$PM_{2.5}$細懸浮微粒」。今夜說新聞。https://www.youtube.com/watch?v=0TZ8jCKcRJk。
• 環境資訊中心（2012.5.14）。列管$PM_{2.5}$細懸浮微粒　即日起生效。http://e-info.org.tw/node/76784。

PM₂.₅污染源管制及改善

```
                    ┌─────────┐
                    │ PM₂.₅  │
                    └─────────┘
       ┌──────────┬──────────┴──────────┬──────────┐
    ┌─────┐   ┌─────┐            ┌──────┐      ┌─────┐
    │ SOₓ │   │ NOₓ │            │ VOCs │      │ NH₃ │
    └─────┘   └─────┘            └──────┘      └─────┘
```

固定污染源管制　　　　　　　　**移動污染源管制**　　　**境外傳輸影響掌握與改善**

固定污染源管制		移動污染源管制		境外傳輸影響掌握與改善
揮發性有機物空氣污染管制及排放標準(100.2.1修正發布)	鋼鐵業燒結工廠空氣污染物排放標準(修正草案預告)	汽油車五期排放標準(101年10月1日實施)	汽油成分標準(100年7月1日及101年1月1日分期實施	模式模擬掌握境外傳輸影響比例
加嚴電力設施、水泥業、廢棄物、焚化爐、鋼鐵冶煉廠,電光材料及元件製造業空氣污染物排放標準	加嚴發電程序及玻璃製造程序等製程最佳可行控制技術標準	柴油車五期排放標準(101年1月1日實施)	柴油成分標準(100年7月1日實施)	推動兩岸空氣污染管制技術交流
		機車第六、七及八期排放標準,分別預定自民國104年、107年、110年實施,目前預告中。	推動車隊自主管理	
			推動交通運輸管理措施	
			加速推動電動車發展	
			推動「空氣品質清淨區」	

研商公聽會議

非游離輻射
環境影響
風險評估管理

以科學論述為基礎
訂定曝露指引
及納入預防原則精神

臺灣是高用電量國家，但長期以來缺乏電力公司、地方政府與民眾三方的溝通機制，且電磁場涵蓋範圍又極為廣泛，早在1997年，抗議基地台設置的行動便陸續展開。2001年，我國政府即參採WHO訂出的相關規範公告非游離輻射的環境建議值。不過，隨著科技產品及用電量需求日增，已有必要重新審視公告多年的建議值，環保署遂於2009年邀請專家學者，組成「非屬原子能游離輻射預警機制風險評估諮詢小組」，展開歷時兩年多的專家會議、研商公聽會，重新評估驗證非游離輻射對環境的影響。

1990年代手機迅速普及，人們對電磁波的恐懼感及期盼政府提供更多資訊的需求也日益增加。非游離輻射存在於環境中的風險，成為世界各國的研究標的，正因為它看不見、摸不到，也無法確切說明對人體產生的影響，但又有某些疾病案例顯示與非游離輻射存在的關連性，為掌握環境中非屬原子能游離輻射狀況，環保署自1997年起開始量測高壓鐵塔、變電所及行動電話基地台電磁波，並建置專屬網頁。但在近20年的研究與了解，非游離輻射的影響是否已獲得足夠驗證？環保署又是在什麼過程裡訂定《限制時變電場、磁場及電磁場曝露指引》？

電磁波頻譜

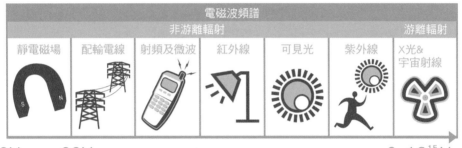

			電磁波頻譜			
		非游離輻射				游離輻射
靜電磁場	配輸電線	射頻及微波	紅外線	可見光	紫外線	X光&宇宙射線

0Hz　　60Hz　　　　　　　　　　　　　　　　　3x10^{15}Hz
低頻率　　　　　　　　　　　　　　　　　　　　　高頻率

非游離輻射

　　非游離輻射係指頻率小於$3×10^{15}$赫的電磁波，俗稱電磁波者皆屬此類。一般人為產生的非游離輻射來源，可概分為射頻和極低頻兩類：射頻非游離輻射來源常見的有廣播電台、電視轉播站、手機和基地台、無線網路（Wi-Fi）等；極低頻波長約5,000公里，通常稱為電磁場，來源通常由各種電力、用電設備所產生，像是變電所、輸配電線、配電變壓器、各式家電用品等。

缺乏科學論述　民眾恐慌生疑慮

　　2005年12月楊梅居民抗議高壓電、2008年4月臺灣電磁波輻射公害防治協會陳椒華理事長於國家通訊傳播委員會（NCC）絕食靜坐抗議發放WiMAX基地台執照、2010年11月全國近20個反高壓電塔、變電所、高壓電纜及雷達自救會串聯，前往行政院與環保署抗議。

　　數年來不曾停息的電磁波抗議行動，幾乎皆肇因於2001年環保署公告的833毫

高斯環境建議值。根據陳情民眾認知,「政府不斷加強公家機關的電磁波防護,卻對外宣稱833毫高斯以下都安全。」擔心身陷電磁波危害的居民自行探測後發現,居住在類似萬隆台電變電所周邊環境、電磁波最高達57-63毫高斯者,與流行病學研究對於曝露電磁場強度超過3至4毫高斯,兒童罹患白血病之風險增加為兩倍之結果有所差異。

面對民眾陳情,當時環保署空氣品質保護及噪音管制處謝燕儒處長即回應,「雖然WHO規範833毫高斯的建議值,但並非一定是安全值,WHO建議各國提出相關防護措施,以保障民眾健康。」且環保署亦曾於2007年召開「非屬原子能游離輻射環境預警措施」協商會,本欲以當時依據的環境建議值為基礎,以提高安全係數方式,訂定環境預警值,作為環境電磁波的第一道警示黃燈,期間環保團體分別提出環境建議值之1/10、環境建議值之1/100、4毫高斯、1毫高斯,甚至於0.7毫高斯等預警值標準,由於各界所提出之預警值意見差異高達1,000倍,因欠缺相關科學佐證依據,始終無法達成共識。

啟動專家會議納入民意參與

環保署為因應此議題,遂依循「公民參與、專家代理」機制,於2009年6月組成「非屬原子能游離輻射預警機制風險評估諮詢小組」研商平台。從此階段開始,環保署即突破過往政府制訂民眾健康風險管理相關條例的傳統作法,亦即在風險界定、評估、分析與管理等進程並非僅由公部門全權定奪,而是全程納入民眾參與。

小組會議邀請環保團體、業界、衛生署國民健康局及NCC分別推薦具備「電機、電信(力)工程」及「公共衛生、風險評估」專長的專家學者,組成專家會議,針對非屬原子能游離輻射「健康影響的科學論述」及「預警機制」進行專業討論。第一階段透過8次會議進行徵詢並以科學論述提出相關建議,供環保署進行管理規劃參考及推動方向。

在2010年10月12日召開的「非屬原子能游離輻射預警機制風險評估諮詢小組」第7次會議結論可看出,環保署已彙整多次會議專家提出的非游離輻射科學論述內容,並將進一步依循風險管理精神研擬非游離輻射預防措施草案。在該次會議中,長期關心電磁波問題的環保團體代表陳椒華提出,「在法令面上,833毫高斯被開發單位拿來當護身符。雖然現今WHO仍無法證明其與人體健康的相關性,但降低建議值實際上並不能解決電磁波影響環境的相關問題,所以希望透過科學

論述,真正達到預警的作法。」

　　與會專家學者亦闡明,電力已是與人民生活密不可分的民生必需,政府機關應透明化用電及變電設施資訊,開誠佈公告知民眾正在進行的規劃及哪些力有未逮之處。同時,應召集相關業者與民眾面對面討論、溝通,協助其逐步減緩或解決電磁波問題,這樣才能在科學量測之外,顧及民眾切身的直覺感受。

　　第1階段會議結束後,環保署於2010年11月提出〈非屬原子能游離輻射科學論述〉。內容指出,WHO支持的技術幕僚機構國際非游離輻射防護委員會(ICNIRP)在2003年聲明,科學已證實短期曝露於高強度電磁場會健康危害。為保護勞工與一般大眾,我國採用1998年ICNIRP提醒各國應注意電磁波危害的「一般民眾曝露環境電磁場建議值」,並於2001年於國內公告極低頻833毫高斯、射頻0.45至1毫瓦/平方公分的環境建議值,並在電磁場強度預期超過規範值處,透過測量曝露強度等措施來保護人民健康。

　　至於一般民眾擔心的長期效應,因為截至目前為止,國際間進行的研究也無法直接指出與兒童白血病等罕見病症的相關證據。政府唯有透過持續進行深入的科學研究降低電磁場曝露影響健康的不確定性,並同時建立有效且開放的溝通方案,改善業界、地方政府及民眾的歧見與對電磁場的風險感受。

國際非游離輻射防護委員會(ICNIRP)

　　委員會由主席、副主席及多達12名以上的成員所組成。成員為獨立科學領域所必需的非游離輻射保護專家,是完全自願加入的工作成員,並不代表任何所屬的國籍或機構而參與。委員會主要的任務包含:

1. 根據委員會的規章和可用資源,制訂並履行委員會政策。
2. 具體說明、排序及指示委員會的工作計畫。
3. 根據委員會需求,協助常設委員會主持並提供專業建議,同時協調其活動。
4. 檢視及批准委員會出版品
5. 促進與其他組織關於非游離輻射保護領域的合作。

資料來源:International Commission on Non-Ionizing Radiation Protection, http://www.icnirp.de/

風險評估研議環境建議值

　　2010年10月環保署完成第1階段徵詢專家學者的科學論述,但距離解決民眾對電磁波危害的疑慮尚有一段長路。隔年6月,環保署展開第2階段的「非屬原子能游離輻射預警機制風險評估諮詢小組」專家會議,推派具有公共衛生領域及流行

■透過公民參與、專家代理機制，專家會議中的各方代表提出相關證據與科學觀點共同解決問題。

病學專家學者、環保團體、業界、主管機關召開針對電磁波議題討論的會議。會議立基於2010年末的科學論述，但更重要的任務是，立法院也提出要檢討2001年公告的環境建議值名稱和內容，因此邀集了11位專家委員從健康風險角度評估來討論。

2011年6月17日會議與會委員指出，ICNIRP已建議各國政府應長時間了解、研究電磁波的影響，而臺灣面臨的問題，因用電量與人口密度的關係，無法完全將WHO的資料作為參照基礎。該次會議得到的共識是：需針對「環境建議值」名稱適切性的問題，與其牽涉人體健康效應及風險評估的科學性議題，另組專家會議進行研議。

站在直接檢討問題的推動進程上，該年11月8日舉行了第1場「檢討非游離輻射環境建議值適切性」專家會議。與會委員除了各界專家學者，也邀集臺灣電磁輻射公害防治協會、新北市反泰山變電所自救會、霧峰反高壓電塔自救會、反對萬隆變電所居民自救會及學生代表參與。會中學者提出，由於人們無法完全活在沒有電磁波的環境裡，所以必須透過各種方法凝聚共識，找到較好的風險管理機制。這場會議雖未開始針對「環境建議值」名稱適切性及人體健康風險評估深入討論，但卻開啟了下次會議環保團體、業界等各單位，進行陳訴意見及專家就所有資料進行全面性討論的兩階段溝通模式。

專家、環團、利害關係團體凝共識

於是，2012年3月27日召開的會議除了上一場會議的相關代表，包含台電、台灣電信產業發展協會、彰化田尾反超高壓電自救會、萬隆反變電所自救會、七股反氣象雷達自救會皆推派代表參加，會議採取第1階段由環保團體和業界陳述，再由專家學者做綜合提問討論。第1階段完成後再進入第2階段的專家會議的形式進行。

會議過程台電代表針對2001年公告的環境建議值説明，「環境建議值」本就是「瞬間」曝露值，因此不需如環保團體主張必須特別強調其瞬間性。但在這點歧異上，環保團體代表指出，「從1999年至2010年，ICNIRP的導則裡面其實都非常強調它是一個急性的建議值，政府之前訂的環境建議值應將833毫高斯修正為瞬間曝露的限制值。」同時，根據自救會自行測量居家電磁波皆為三十幾、四十幾毫高斯，與國際流行病學針對2或3毫高斯的環境所做之研究已有極大差距，遑論833毫高斯的超高數值，所以NGO代表強調，必須將833毫高斯列為短期的曝露限制值，如此才能創造討論和風險溝通的意義。

回應上列陳述時，第2階段的專家學者認為，變電所、高壓電線、手機使用與基地台密度之高，是臺灣生活環境的特殊處，政府機構應就此點向人民進一步釐

■第2次專家會議舉行，再次針對非游離輻射之環境建議值進行討論。

清，並說明將以何種方式執行防護措施，若一味參採國際建議值，恐將持續造成
政府與民間的歧異和紛爭。另一方面，委員也提醒，國際癌症研究署（IARC）於
2002年發表人類致癌風險評量專題論文集《靜態與極低頻電磁場》，將極低頻磁
場歸類為2B級，即「流行病學證據有限，且欠缺動物實驗證據」，而許多人每天
必須喝上幾杯提神的咖啡也屬於此級別。至於靜磁場、靜電場和極低頻電場則為
3級，即「對人的致癌性無法被分類」。

各種非游離輻射常見來源

各種非游離輻射常見來源		
紫外線	陽光、殺菌燈	
可見光	陽光、各種照明設施	
紅外線	電暖器、火、陽光、人體	
微波	無線網路、無線通訊、微波爐、雷達	
射頻	電視、廣播、無線電	
極低頻	家電用品、配電設施、配輸電纜	
靜電磁場	直流電、磁鐵、地磁	

■非游離輻射存在於環境中的風險,成為各國的研究標的。

2010年5月，IARC依據使用無線手機與增加罹患神經膠質瘤的風險，也將射頻電磁場歸類為人類可能致癌因子的2B類。由於科學只能盡量舉證有什麼風險，以及如何去減輕或避免的方法，這就顯示電磁場的健康效應值得注意。與會學者提醒政府要盡各種方式預防，並提出現階段可達成的預警原則，建議清楚說明目前的建議值適用於短期曝露情形。

此次會議結束後，環保署旋即於5月15日邀請環保團體代表召開「非游離輻射環境建議值」諮詢會議，經彙整相關意見後完成「限制時變電場、磁場及電磁場曝露指引（草案）」，並於7月5日召開最後1場「檢討非游離輻射環境建議值適切性」專家會議，逐項討論曝露指引草案細節。謝燕儒處長說明，現階段先訂立指引，接下來就是預防措施，大家有共識以後下去做，對將來立法有很大助益。

電磁波敏感症實驗

環保署一方面召開專家會議，另一方面也委託財團法人成大研究發展基金會於2009年6月至隔年3月底進行「非屬原子能游離輻射對環境衝擊之研究計畫」。此計畫源於民眾反應因基地台架設而產生電磁波敏感症，環保署為回歸科學方式釐清事實，遂委請該基金會進行電磁波隔離室實驗。計畫期程共邀集了102位20至69歲的受試者參加激發試驗，透過問卷及量測動態心電圖、脈動氧血紅素飽和度、脈搏、血壓、體溫等生理參數，模擬行動電話基地台所可能產生之電磁波，以了解電磁波環境與電磁波敏感者實際感受間的關係。

此計畫得到的結果與許多已發表有關電磁波效應的激發實驗文獻相同，都未發現在電磁波曝露時的生理狀態有顯著改變。結果也同時顯示，多數自覺電磁波敏感症者無法正確偵測電磁波的存在。不過，對於低劑量電磁場曝露的潛在長期影響，該計畫仍提出「需用更嚴謹的研究設計來探討這樣的問題」的結論。

結語

　　根據過去幾年參與民眾溝通會議的經驗，學者李俊信指出，「民眾絕大多數都是善意的，雖然積極參與自救會的民眾感受度較強，但政府及業者若能耐性以對，用體諒之心接受這是社會現象，也不要期待所有事情在寥寥數次的一言堂會議即可解決。」經過政府十餘年來的努力宣傳、協調，學者觀察發現，相對於過去絕大多數民眾對電磁波、電磁場保持懷疑憂慮，現在多數人都對電磁波存在抱持正面態度。

　　政府在顧及民眾生活方便性之餘，對於鄰近基地台或高壓電塔地區居民，學者亦建議政府必須以體諒之心扮演橋梁角色，盡可能擔負起個案宣傳的溝通任務，若能以完善的民眾參與機制和宣傳教育來釐清事實，一定會對政府推動政策與便民生活都有正面助益。而在本案推動過程，民眾成為風險管理論述與實際政策落實的重要促成者，雖然科學研究仍無法百分之百證實非游離輻射對人體健康的直接影響，但卻經由民間各界代表發聲，迫使官方在政策面導向「民之所欲常在我心」的切實層面。

　　再者，由於基地台建設是進行式，而人們對其需求更是有增無減，再加上NCC即將要開放4G的使用執照，屆時勢必仍遭逢電磁波曝露問題。而台電作為主要非游離輻射來源，應該認真而誠懇地面對居民疑慮，若是一味敷衍、掩蓋事實，不但無益解決，反將問題複雜化。要減除人們的恐懼與不解，政府和業者都有義務提供更充足的資訊及教育管道，誠懇面對以取得彼此的信任。畢竟，非游離輻射環境影響或健康風險，絕不是單純的風險評估或風險管理議題而已，更是如何有效與民眾從事風險溝通。

　　時至今日，政府除了規範非游離輻射業者需在國際建議值範圍內合理使用，對於民眾抗爭和自救行為，已不是用同情或無理取鬧觀點看待這些感受到健康被威脅的陳情者，應以科學為本，確實傾聽了解，尊重不同的聲音與想法。且於施政同時，提供好的溝通、參與媒介，積極藉透明化的作法取得彼此信任。

參考文獻／
· 環保署（2010.3）。非屬原子能游離輻射對環境衝擊之研究計畫期末報告書。
· 環保署（2010.11）。非屬原子能游離輻射科學論述。
· 李俊信（2011.12）。李俊信談電磁波與健康效應。NCC NEWS月刊5卷8期，國家通訊傳播委員會發行。
· 環保署（2008.12.25）。台灣電磁輻射受害調查系列八：鹽埕悲歌，台灣電磁輻射公害防治協會，http://tepca.blogspot.tw/2008/12/blog-post_25.html
· 環保署（2012.4.17）。非屬原子能游離輻射管制網。http://ivy1.epa.gov.tw/Nonionized%5FNet/
· 環保署（2012.11.30）。限制時變電場、磁場及電磁場曝露指引。http://ivy5.epa.gov.tw/epalaw/search/LordiDispFull.aspx?!type=04&lname=3250

北投垃圾焚化廠監督管理

居民共同來監督
社區發展轉新機

十多年前,北投垃圾焚化廠落腳臺北市關渡平原洲美地區,引起當地民眾的極大反彈。抗爭、溝通、衝突、陳情,不斷地重覆上演,關心地方發展的人士自立組成環保志工隊,以實際行動監督焚化廠的運作;廠方也拿出善意回應,多年來,透過持續不間斷的努力與對話,終於取得周遭居民的信任,讓焚化爐得以正常運轉、民眾擁有安心清淨的家園環境,更凝聚地方社區的共識和向心力,藉由地方民眾監督、廠方嚴格把關的運作機制,讓北投垃圾焚化廠周邊的環境更美好。

北投垃圾焚化廠監督管理

臺北市北投區洲美里靠近基隆河下游，屬於關渡平原的一部分，自古以來是臺北市主要的農業生產區之一，舉目望去一片平疇綠野，耳邊傳來清脆的蟲鳴鳥叫，令人心曠神怡。其中，一座大老遠就能看見的彩繪煙囪，突兀的聳立在田野間，直讓人無法忽略它的存在。在年輕一輩的眼中，這座高塔上有間超炫的旋轉餐廳，鳥瞰臺北市夜景無敵；但看在地方環保人士眼中，卻勾起他們不少傷心的回憶。

綠色家園環保志工劉武雄，手上有一本翻到略顯破舊的電話簿，上面從馬英九總統、歷任臺北市政府環保局局長，以及北投垃圾焚化廠廠長的電話通通都有。還記得北投垃圾焚化廠試運轉初期，每到入夜，劉武雄就得提高警覺，有時他會登上公寓頂樓，仔細分辨空氣中是不是有化學物質燃燒的味道。只要一發現有異常，他就立刻撥電話給局長、廠長，請他們立刻趕赴現場；劉武雄自己也會騎上摩托車，十分鐘之內就到焚化廠會合。

「如果燒的是一般家戶垃圾，不會有太大的臭味；最怕的是黑心廠商在一般事業廢棄物裡面，混入醫療廢棄物或是重金屬、化學物，那個味道一聞便知道。」劉武雄的擔憂，其實也正是所有居住在北投、士林、天母等地區民眾的憂慮。於是，陸陸續續有更多里民加入，組成了數個地區型的環保志工隊，共同監督這座焚化廠的運作。

焚化爐啟動　居民心慌慌

當時造成民眾困擾的主要問題，大致可分為：空氣污染、農作物減收、道路污染，以及地方民眾無法參與決策等4項。

刺鼻氣體飄散　居民健康亮紅燈

由於北投垃圾焚化廠內設計為有4座焚化爐同時運轉，每日可處理約1,800公噸的垃圾，除了收納原本地區性一般廢棄物外，同時也接受民間清運業者的委託，焚燒一般事業廢棄物。但部分不肖業者為了節省運輸費用，不時將原本該送往醫療廢棄物焚化爐處理的醫療廢棄物混充其中，一旦燃燒就很有可能會釋放出有毒物質如戴奧辛等。當含有重金屬殘留的細懸浮微粒經由空氣溢散，飄進每一戶居民家中，人人都是潛在受害者。

北投區立賢里的居民就曾表示，焚化廠排放的廢氣有股阿摩尼亞的刺鼻臭味，還造成他們眼睛刺痛。也有老人家因為聞到臭味而覺得呼吸困難，情緒變得焦慮，甚至半夜喘不過氣來，對於原本就有過敏氣喘病史的老人或幼兒，影響更為顯著。

一位居住在石牌地區的朱女士，就曾因呼吸道問題而緊急就醫，她認為自從焚化爐變成鄰居後，生活品質大幅下降，動不動就聞到異味，因此曾經一天內電話陳情好幾回，廠內無人不識她。為此朱女士還曾提出公害糾紛賠償與國家賠償，但最後因證據不足而未果。

農作物減收　髒污落塵染市容

除了空氣中飄散異味，另一個焚化處理無法避免的產物就是落塵。落塵所夾帶的重金屬與有機污染物質，不但使鄰近地區生活品質降低，更對附近的農作物收成和農民生計產生明顯衝擊。

關渡平原四周原本有不少小農，他們發現自從焚化爐啟動後，稻米等農作物收成就有減少的現象。注重養生的環保志工劉武雄說，附近農家自己種的地瓜葉，煮出來的水是黑色的；蓮藕從土裡拔出來，上面佈有一層鐵繡色，還有誰敢吃？一連串作物減產，就算種得出來也沒人敢吃，「在地人都不敢買當地的菜！」劉武雄認為這是最大的悲哀。

此外，當地居民也提到，在戶外頂樓曝曬棉被時，發現上面多了許多不明的小黑點；承德路沿線的公寓陽台上，除了原本的灰塵，更多了一層黑烏烏的油垢，而且不易擦拭。

北投垃圾焚化廠監督管理

垃圾滲污水　道路瀰漫惡臭味

　　北投垃圾焚化廠周邊道路，每天要承受至少數百輛垃圾車的載運量，不只是車輛經過時會散發臭氣，垃圾傾倒及壓縮所產生的滲出水也會產生臭味。一旁的自行車道首當其衝，來此運動的人士遇到垃圾車，都得掩鼻而過，因此幾乎天天都有人向廠方陳情抗議。

　　「靠近石牌這頭，垃圾車還是會滴水，真的是很臭……那種臭，還不是用水就洗得掉，它還會滲入地表、土壤裏面，經過太陽一曬，味道就揮發出來，附近經過的人沒有一個聞不到的。」一位居民如此具體的形容。

排除決策外　民意無以伸張

　　當時為了減低居民對北投垃圾焚化廠的疑慮，北市環保局成立了一個「環境監督委員會」，委員由學者專家組成，每兩個月召開一次會議，主要的工作為監督焚化廠的「操作營運」與「污染防治」。但早期的監督委員會卻將在地居民排除在外，反而更加深了地方民眾對政府的不信任感。

　　這讓當地居民非常不能接受，為什麼攸關在地居民權益的事務，反而不能讓當地人的意見參與其中。有民眾表示，至少應將焚化廠周邊幾個里的里民代表納入監督委員會，才能隨時將民眾的心聲向上傳達，而不只是聽取官方或學者專家的意見。而這也成為往後推動民間監督焚化廠機制的重要一環。

■洲美運動公園的回饋設施設籍臺北市內湖區、南港區、文山區、北投區、士林區的區民可攜帶身份證正本(幼兒請攜帶戶口名簿正本)免費使用。

科學驗證＋客觀分析　找出問題點

　　面對居民排山倒海而來的質疑與不滿情緒，北市環保局和焚化廠方只能拿出最大誠意，針對每一個陳情電話與信件，一一到民眾家中進行實地了解，並耐心的溝通與協調。在那段最艱難的時期，前後二、三任廠長甚至得夜宿在廠區內，便於隨時掌握各種突發狀況；一旦有民眾撥打檢舉電話，值班人員就得立刻趕赴現場處理，並公開調查結果。若屬垃圾清運過程所造成的空氣或土地污染，針對處理上的缺失，焚化廠則再會同專家學者，尋求最好的解決方式。

　　劉武雄回憶，他和幾位地方上的熱心人士，只要一聞到怪味，就會自發性聯絡相關主管人員，一同趕到現場，並要求將未焚燒的的垃圾包裝一一打開清查，促使後來逐步發展出live show的監督機制。

　　當時，北投垃圾焚化廠還發明一套簡便又立即的辨識方法：如果有民眾反映聞到異味，廠方人員就會在他家門口施放氣球，並根據氣球是往哪裡飄，來判斷異味是否真的與焚化爐燃燒有關。

　　焚化廠傅良枝廠長表示，有的時候責任並不在廠方，當附近的農民不定期焚燒稻草或其他廢棄物時，也會產生臭味，施放氣球飄向可以釐清當下的責任歸屬。此外，靠近承德路沿線車流量大，落塵也有可能是卡車經過所留下的，廠方人員也會將現場證據先行採樣，再委託立場公正的專家與研究單位進行分析。

　　特別的是，當時還有一種新行業應運而生，就是「聞臭師」。效法警方科學辦案的精神，北市環保局也聘請具有專業證照的聞臭師出馬，只要現場蒐集到疑似遭到污染的空氣，以密封罐帶回研究室，再對其中成份加以分析，即可確定污染源為何。

　　為持續化解民眾疑慮，北市環保局也在2001年組成「臭味評估研究委託監督委員會」；2002年召開「還我清新空氣協調會」。同一年，地方居民亦跨越五個里的地方界限，組織「唭哩岸環保志工團」，並在一連串的協調會及公聽會中，要求市議員表達立場並採取行動，共同執行監督政府的角色。這期間，民間與官方（包括中央）的互動非常密切，焚化廠與居民的溝通管道，也因為各方積極的努力，獲得極大改善。

公民參與　居民共同來監督

　　經過地方居民積極、主動地參與，以及多次協調溝通與舉辦公聽會的研商討論，最後完成多項重要的改善方案，成為後來焚化廠順利運作、民眾也樂於監督共榮的結果。這幾項方案持續運作至今。

賦予民眾監督焚化廠運作的合法地位

　　自2001年5月起，社區居民開始自發性、不定期的「進廠抽查」，並在逐車檢查下，連續4次發現有「不可焚化處理廢棄物」及「不適焚化廢棄物」違反規定進廠傾倒焚燒；其中在2003年2月更會同檢察官，現場抓到違法混充不可焚化事業廢棄物的不肖業者，當天便進入司法程序召開偵查庭。

　　經歷一連串積極有效的搜查，促使臺北市環保局於2002年8月擬訂《臺北市政府環境保護局北投焚化廠環保志工團體陪同垃圾稽查作業準則（草案）》，9月通過《臺北市政府環境保護局廢棄物處理廠場進場管理辦法》。後來，環保署於2005年3月21日公布《民眾協助監督焚化廠營運實施原則》，將這套規範準則從地方推動到中央。

　　爾後，2005年《北投垃圾焚化廠民眾參與陪同廢棄物進廠稽查作業原則》以及《臺北市政府環境保護局因應民眾協助監督所屬垃圾焚化廠營運實施原則》，更是地方政府領先於中央政府的規範，實際以法令保障地方居民來監督政府，其檢查行為被視為是依法有據的「執法行為」。

　　檢查的作用是為了要嚇阻，民眾連續進廠查察的結果，也突顯「事業廢棄物」管理上的漏洞，石牌地區居民以實際作為扮演稽查大隊的角色，期間也抓到非法棄置及處理廢棄物的民間甲級清運業者。

　　此外，志工團在與焚化廠相關主管的會議中，提出代清運業者需用「透明塑膠袋」並附上「垃圾來源地」標示的提議，以達成全面監督一般事業廢棄物的進廠情況。這項提議最後經臺北市環保局採納，並自2003年3月1日起全面展開施行。

資訊必須隨時公開、透明化

　　針對廠內4座焚化爐進行24小時監控，廢氣監控數值直接傳送，並即時顯示在中控室、廠區入口及展示廳的大型看板上。另外，在垃圾傾卸平台上的作業情形，也同樣24小時不間斷live show呈現，關心焚化廠或存在疑慮的民眾，只要在家中透過電腦連線，便可一覽無遺。擔任焚化廠一組的林禮斌組長便說，攸關民眾身體健康的各種數據，除了依法規監看之外，廠內都有著更嚴格的標準，絕不

允許人員有一絲鬆懈，日日都要對機器認真的維修與監督，並即時將資訊公開。

北投垃圾焚化爐大事年表

年度	事件
2001年	臺北市環保局組成「臭味評估研究委託監督委員會」
2002年	召開「還我清新空氣協調會」 地方居民跨越五個里組織「嘰哩岸環保志工團」，要求市議員表達立場並採取行動，監督政府。
2002年8月	擬訂《臺北市政府環境保護局北投焚化廠環保志工團體陪同垃圾稽查作業準則（草案）》
2002年9月	通過《臺北市政府環境保護局廢棄物處理廠場進場管理辦法》。
2004年	環保署通過《民眾監督大型垃圾焚化廠營運實施要點》，將這套規範準則從地方推動到中央。
2005年	通過《北投垃圾焚化廠民眾參與陪同廢棄物進廠稽查作業原則》以及《臺北市政府環境保護局因應民眾協助監督所屬垃圾焚化廠營運實施原則》，更是地方政府領先中央的規範。

防臭處理更專業確實

針對社區民眾最擔心的空氣品質與細懸浮微粒問題，廠方採用袋濾式集塵設備，可有效去除95%以上的粒狀污染物；並加入活性碳吸附以減少廢氣中重金屬及戴奧辛的含量，符合0.1ng-TEQ/Nm³的管制標準，所有的數據也都公開供民眾檢閱。

至於在垃圾運送過程中，垃圾污水因行經彎道外漏造成的惡臭，廠方管理人員在聽取地方民眾的意見後，也訂出標準作業程序，要求所有清運廢棄物的駕駛須嚴格遵守，也大為改善了周邊道路的環境品質。

回饋金與流行病學研究

根據1996年北市環保局提出的《臺北市垃圾焚化廠回饋地方自治條例》，設計量每日可處理1,800公噸垃圾的北投垃圾焚化廠，需按實際垃圾處理量提撥每公噸200元的回饋金給附近里民。目前這筆經費是撥發給各里辦公室運用，多用做社區綠美化的經費。

　　但仍有地方民眾認為，回饋金撥放的目的，主要應該是為了補償或防範在地居民因為焚化廠的營運，而可能遭受身體健康與生活品質的不利影響，至於環境是否美化，其實是次要的；而地方人士爭取多年的免費健康檢查，也一直未能推動，這點讓居民仍有疑慮。

　　傅良枝表示，免費健檢涉及的層面較廣，因為個人的身體健康情形，還涉及生活習慣與家族病史等多元因素，較難釐清責任歸屬，因此改以每5年一次的流行病學研究，及自2000年至今一直未間斷的委外研究案及環境監測案（如p.155圖表），藉由第三方公正客觀的調查數據讓民眾信服。

　　最後，傅良枝廠長也說，垃圾處理廠在國內各縣市都極易招致抗爭，但廢棄物每個人每天也都不斷在製造，故在臺北市目前是以全部焚化方式處理垃圾。經過多年來持續不斷的溝通與努力，並積極採納民眾提供的建議與監督方案，都是促使廠方好還要更好的動力。北投垃圾焚化廠一定會用最嚴謹的態度及標準，為環境品質和民眾健康繼續把關。

　　目前垃圾減量與資源回收再利用、焚燒熱能轉電能等，在在都考驗著我們的技術，相信在全體同仁努力下，焚化廠能妥善處理本市垃圾，做好相關的污染防制，並持續溝通與回饋，讓焚化廠成為臺北市民的好鄰居。

垃圾運送標準作業程序（SOP）

01 車輛加裝密封蓋
載運垃圾車內的污水收集箱必須加上密封蓋，防止行車間搖晃導致污水外洩。

02 入廠後方可開啟密封蓋
垃圾車司機須在抵達廠區、車輛就定位後，才打開密封蓋將污水倒出。

03 污水統一處理焚燒
各車污水全部集中後，一併焚燒處理，絕不外流。

結語

對行政主管機關而言，在當時為解決長期的垃圾處理問題，選擇一處在空間環境、居住人口等條件都最為適切的地點處理垃圾，焚化廠的存在實為必要之惡。只是對當地居民來說，在無法反對，甚至無法改變焚化廠存在事實的立場下，與廠方商議徹底解決的良方，就成為雙方智慧的角力與磨合。

顯而易見的，本案自北投垃圾焚化廠這項鄰避設施被拒絕、排斥的困境中，直至最後達成當地居民與廠方（或行政執行機關）都能接受的雙贏關鍵，在於居民自發性展開的共同參與監督機制，以及廠方持續以耐心和毅力與民溝通，並借重科學數據等客觀分析，找出問題點並尋求解決之道的積極應對方式。

儘管過程中，廠方依據的是科學證據來應對各種反彈聲浪或提案意見，然而，同時必須兼顧的是居民的情緒觀感、心理壓力和面對生理疾病產生的疑慮，在兩造權衡之下，找到平衡點，將地方居民的提案建言納入決策中，和民眾站在同一陣線上，設身處地的以民需為出發點，並賦予民眾共同監督焚化廠運作的合法地位，方有最後的成果。

總結本案例是一典型的直接民主呈現，在古典式民主和企業性民主都無法滿足民眾需求的意見匯聚時，民眾參與就成為1970年代以來民主發展的主流理論之一，美國的環保運動亦於此時展開，公害法庭隨之成立，即是民眾為了自身生命的風險，進行自行監督，而後透過正式法律途徑，解決社區環境問題，值得其他機關參考學習。

近年北投垃圾焚化廠委外研究案

年度	計畫名稱	主辦單位
2000	焚化操作後戴奧辛重金屬等污染物排放移跡與材料關係使用控制調查分析	國立清華大學
2000	臺北市北投垃圾焚化廠廢氣是否影響附近農林作物之調查及鑑定評估計畫	國立臺灣大學
2001	臺北市北投垃圾焚化廠廢氣是否影響附近農林作物之調查及鑑定評估計畫（第二期）	國立臺灣大學
2002	臺北市垃圾焚化廠—北投廠和木柵廠內外環境中的戴奧辛、重金屬污染物風險評估與管理	正修科技大學
2002	垃圾焚化廠污染物擴散評估之研究（北投垃圾焚化廠及鄰近地區臭味及異味來源檢測調查）	國立中央大學環境研究中心
2003	焚化廠起爐、停爐和異常運轉時的戴奧辛與重金屬污染物的生成與削減計畫	東南技術學院
2003	士林及北投地區空氣中懸浮微粒受體模式分析資料建立	國立臺灣大學
2004	北投垃圾焚化廠廢氣與附近水稻蔬菜歉收是否相關之調查鑑定計畫	中央研究院植物研究所
2005	北投垃圾焚化廠空氣污染防制設備綜合效能評估	國立臺灣大學
2005	垃圾焚化廠排放氣體及粒狀物沉降累積量對附近農作物影響之監測研究	中央研究院生物多樣性研究中心
2006	北投垃圾焚化廠排放氣體及粒狀物與關渡平原農田及作物之關係調查	中華農藝學會
2008	臺北市內湖、木柵及北投焚化廠周界空氣、土壤及植物戴奧辛含量濃度建立計畫（第五期）	正修科技大學
2011	臺北市內湖、木柵及北投焚化廠周界空氣、土壤及植物戴奧辛含量濃度建立計畫（第八期）	正修科技大學

參考文獻／
・柯宇芳／臺灣大學地理研究所碩士（2006）。北投民眾抗爭焚化爐的貢獻。看守台灣季刊，8(1)，頁54-61。

人民提案監督

山豬窟
衛生掩埋場
選址與監督

學者居民齊監督
地方共榮化民怨

為銜接臺北市福德坑垃圾衛生掩埋場使用期限截止後的空窗期，山豬窟垃圾掩埋場的興建引起南港、內湖地區居民的強力抗爭，在選址過程中，可謂一波三折。最後臺北市政府環保局運用了地質、環境評估等數據證明，持續與地方相關人士溝通、對話，並與民眾站在同一陣線，接納民眾共同監督新址的選定興建，以及舊址的限期閉場，才化解一場垃圾風暴。本案因有中央研究院學者的共同參與，更增強當地民眾信心，可見科學專業，還是公民政策的基石。

時光倒流20年，1990年代正是民主運動風起雲湧的時代，民眾自我意識抬頭，保護家園與環境衛生幾乎成為全民共識，所有可能造成污染或不安的「鄰避設施」有如過街老鼠，地方政府興建垃圾掩埋場幾乎成為一件不可能的任務。

在這樣的氣氛之下，臺北市山豬窟衛生掩埋場從場址選定到評估、開工，歷經了無數的困難，當時的臺北市政府環保局代理局長、在臺北市、高雄市、臺灣省等地方環保局處及環保署任環保公職長達40年、於2010年7月16日滿65歲屆齡退休的環保署環境督察總隊張晃彰前總隊長，還曾夜宿福德坑長達46天，成為他畢生難忘的回憶。

垃圾大戰一觸即發　焚化掩埋同步展開

當時臺灣經濟快速發展，工商業發達，不斷生產與消費的結果，垃圾也大量滋長，因而衍生出嚴重的環境問題。大量的廢棄物產生，卻沒有同時間發展出妥善的處理方式與因應策略，因而廢棄物的存在就意謂著污染與公共衛生問題無法解決，導致各地方的垃圾處理問題衝突不斷。

1970年代前，廢棄物多採棄置，屬於眼不見為淨的鴕鳥型處理方式。以臺北市為例，1970年代以前的垃圾處理，多半是傾倒於基隆河及淡水河兩岸河川地。直至1980年代起，全臺各縣市先後爆發垃圾大戰，誰都不願意讓垃圾堆放在自家附近，因此哪個地方只要一有興建垃圾掩埋場的風聲傳出，居民就發動道路圍堵與長期抗爭。當時不少鄉鎮市垃圾車進不了掩埋場，只好全面停收垃圾並堆置街頭，造成臭味四溢的混亂情形。

垃圾量排行全國第一的臺北市，曾嘗試過堆肥及填海策略，卻相繼失敗。之後開始傾向以焚化為主、掩埋為輔的垃圾處理政策。1980年6月，行政院召開第5次科技顧問會議，會中建議採用垃圾焚化做為臺灣都會地區長期的處理方法，同時配合垃圾減量，來延長垃圾掩埋場的使用年限。於是臺北市開始同步規劃興建3座焚化爐，再搭配福德坑垃圾掩埋場，解決當時的燃眉之急。

在1985年啟用的臺北市福德坑垃圾掩埋場，是全國第一座標準的垃圾掩埋場，採取先整地再鋪上厚實的不透水布防止土壤被滲透，同時將垃圾產生的沼氣以數座高聳的排氣井導出，並將垃圾堆積後造成的滲水經層層處理後排出，將對環境可能產生的污染降至最低。

昔日臺北市環保局一方面以專業工法取信於民，另一方面在福德坑興建之初

就承諾，依照可掩埋的37公頃面積，換算臺北市每日產生3,300公噸垃圾量，預估可使用年限為7年。民眾牢牢記住這項承諾，到了1992年，便要求環保局兌現，立即停止再往福德坑傾倒廢棄物，就地填土並綠化成為可供居民使用的休閒公園。

但是要尋得一處新的場址談何容易，當時負責相關業務的張晃彰代理局長回憶，環保局官員和學者專家組成的選址評估小組，深知任何可能設場的地點若是曝光，絕對是「見光死」，因此每一次的行動都視為「最高機密」。

環保局首先透過空照圖和現場實地勘查，在北市內湖、南港、木柵等山區，初步篩選出16處合適場地，但要場勘時不敢開公務車出門，得輪流借用同事的私家車，一到現場，就有消息靈通的地方人士跑來詢問，這時環保局官員只好自稱「來郊遊」，由此可見當時推動掩埋場選址一事可謂風聲鶴唳。

舊場屆期趕封閉　新場落腳山豬窟

經過一段躲躲藏藏的秘密作業，合乎設場標準的場地縮減為5處，並交由中興顧問工程公司進行專業評估後，邀集專家學者組成專案小組，進行無記名依各項條件權重評分統計，最後敲定在當時臺北縣深坑鄉與臺北市南港區交界處的山豬窟，當地地形為一個南北走向，南高北低的長條型山谷，東、南、西側均以山谷稜線為自然屏障，北側為山谷出口，又有現成的聯外道路可供垃圾車出入，可謂最理想的地點。

臺北市政府亦對這座新的垃圾掩埋場場址達成共識，再經過當時的黃大洲市長批准，內部作業已然完成。不過，接下來必須面對南港地區附近居民與民意代表的反彈，艱難的任務才要開始。

在臺北市議會針對此案進行表決時，來自南港地區的市議員為維護區內選民權益，全力杯葛設址山豬窟，最後執政黨在表決時強力動員其他選區議員，才以一票之差驚險通過。同時環保局也承諾將提供回饋金、水電費補助、交通改善等措施，並同意由學者與南港居民共同組成「污染監測小組」，隨時監督掩埋場的各項防污作業是否落實。

值得一提的是，全國最高學術機構——中央研究院，正好位於南港地區，距離山豬窟只有1.5公里，很多院士生活、居住也在此區，因此成為反對山豬窟設置掩埋場的一支生力軍。張晃彰代理局長還記得，當時李遠哲院長剛剛返國，他特地帶著所有的設計圖，前往拜會李遠哲院長。他說，「臺北市是國家大門，絕對不

能出現垃圾堆滿街頭的窘境。」福德坑期限已屆,若是山豬窟掩埋場再不開工,勢必引發一場垃圾大戰,相信這也非中研院所樂見。

就這樣,以國家情感為訴求,再配合專業的防污計畫,強調市府不計成本,只要院士們找到國際上更先進的工法,都願意採納。同時也隨時歡迎院士到現場監工與指導,並建請將反對的心力轉成監督指導的功能,各種設施都願採取高標準,只要技術能做的,環保局都會全力去做。張晃彰代理局長的誠心感動了李遠哲院長,獲得院長的首肯。

■在中研院院長支持下,張晃彰代理局長銜令溝通,最終場址選定山豬窟。

居民專家齊把關　監測小組素質高

當時這樣一個作為似具公民監督施政的雛形,可謂全國首創;為了驗證山豬窟掩埋場的防污設計是否真的有落實,地方人士經常邀集中研院院士到施工現場進行「臨檢」,甚至完工後還隨時有夜間抽查,實地觀察垃圾掩埋操作過程中是否有依約履行。面對監測小組的「嚴密監控」,臺北市環保局也樂見其成,畢竟大家一條心所做的努力,都是為了確保環境的保護是否真正具體被落實,而民眾與

■由居民與專家學者共同組成監督小組。

專家一致的立場，同心捍衛掩埋場周邊與河川下游的環境衛生，也為公民監督施政決策立下一個新典範。

於是，在5位中研院院士加入監督小組後，里長等地方人士態度開始軟化，他們相信院士們會發揮專才，替民眾看守家園；而垃圾問題又已迫在眉睫，為顧全大局，地方人士終於勉強放行。

在此同時，已屆使用期限的福德坑，也面臨高漲的民意反彈，當地居民表示政府說話就要算話，當初居民是為了顧全大局，勉為其難才答應，怎麼可以使用了7年，還沒有做封場的打算？

民眾的質疑合理，張晃彰代理局長因此拿出最大的誠意，與當地居民溝通，希望木柵地區民眾再給一段寬限期，讓環保局同時開源與節流。所謂的開源，就是透過妥善完整的規劃，找到適合的替代地點，完工後就會依約停止使用福德坑。

山豬窟衛生掩埋場回饋補助措施

方案	內容
回饋金	每平方公尺250元平均分年編列；當地里占70%，其餘30%視當地區、鄰里之實際需要分配，但當地區分配數不得超過回饋地方經費10%。 山豬窟65公頃回饋金計新臺幣162,500千元，分10年每年新臺幣16,250千元。
專用垃圾袋	每半年每人新臺幣225元。
水費	各自來水用戶之補助額，當地里為每月自來水費30度以內之總額，鄰里為每月自來水水費30度以內之2/3。非自來水供水地區住戶採現金發放補助，其額度為當地里每月以相當自來水水費30度、相鄰里以20度計算之。
專用垃圾袋	（山豬窟掩埋場延用期間）其補助額度在當地里為每戶每年新臺幣1,927元，相鄰里為每戶每年新臺幣1,056元。
交通與公共設施	闢建北二高垃圾車專用匝道。 拓寬及改善南深路為15公尺寬。 自2005年起執行復育計畫，興建一座溫水游泳池提供附近居民免費使用。

另一方面，臺北市環保局也了解，民眾的環保意識越來越高，未來想要開發新址，會更形困難，唯一的方法就是節流——宣導資源回收與垃圾減量，充分利用可掩埋的每一吋空間。

同時環保局也試著以回饋或補救措施，尋求舊址續用的另一種可能性。但當地居民不為所動，堅持停用福德坑，最多只能接受延期半年。此時山豬窟根本還沒開挖、整地，半年時間絕對不夠，最後軟硬兼施的三度延期，終於惹火了當地里民，臺北市議員陳政忠及黃義清怒斥環保局「三度跳票、誠信全無」，揚言要率眾封鎖進出掩埋場道路以示抗議。

為了平息民怨，張晃彰代理局長在兩位議員強烈質詢要求下住進福德坑垃圾掩埋場，每天下班後稍事梳洗，晚間10點以前他就到福德坑報到。他回憶，為了讓居民相信環保局確有遷場決心，他答應入住福德坑，一直住到封場那一日，期間長達46

天。天天看著夜間收集垃圾的車輛進進出出，每天晚上都有議員來電查勤，日子過得平淡，但他心裡有數，知道山豬窟即將完工，很快就可以對居民有個交代了。

　　而張晃彰代理局長這樣一個銜命與民溝通的任務過程，也扮演著本案出現轉機的關鍵所在。原本當地居民認為，行政官員不顧福德坑周邊居民的感受，只想盡量拖延使用期限，然而，他以行動展現決心，日日親自監督垃圾場內運作，並針對民意代表與居民的質疑、關切一一予以回應。

　　終於，1994年6月15日零時臺北市議會給環保局的最後期限到了，環保局也履行承諾關閉福德坑垃圾衛生掩埋場，同月18日夜間山豬窟垃圾掩埋場運進第一車垃圾而啟用，所有的工作人員終於鬆了一口氣，張晃彰代理局長亦於同時「出關」了。其中3天空檔，臺北市近萬噸的垃圾，則將其儲藏於內湖、木柵兩座焚化廠的垃圾貯坑及當時佈設於市區的垃圾子車內，待山豬窟啟用後再進行清理的方式，技巧地處理。

垃圾減量新紀元　克服挑戰贏信心

　　被現任環保署綜計處楊素娥副處長形容為「小本經營的小型堆肥廠」，山豬窟垃圾掩埋場的規模與容量，都不到福德坑的一半，何以能夠扮演取代者的角色呢？事實上，此時的臺北市已進入垃圾處理新紀元，經過幾年來的公民教育與資

山豬窟衛生掩埋場大事年表

年度	事件
1985年	臺北市福德坑垃圾掩埋場啟用，是全國第一座標準的垃圾掩埋場。
1992年	臺北市環保局承諾福德坑垃圾掩埋場使用年限為7年，民眾要求環保局兌現，停止傾倒廢棄物。 地方人士邀集中研院院士到施工現場監督與臨檢（當地居民一同把關） 環保局與專家學者組成選址評估小組，先從16處適合場地，縮小到5處。 臺北市議會對山豬窟垃圾掩埋場案表決，南港地區的議員全力杯葛，在執政黨強力動員下，最後以1票之差驚險過關。 山豬窟選定為接替福德坑的垃圾掩埋場。
1994年6月	山豬窟垃圾掩埋場經過整地、施工後，正式啟用。 臺北市邁入垃圾處理新紀元，經過數年的公民教育與資源回收觀念宣導，臺北市垃圾量大幅減少。

源回收觀念宣導，北市垃圾量已有明顯的減少，再加上木柵、內湖焚化廠陸續啟用，每日可處理垃圾量達2,400公噸，約為福德坑時期垃圾處理量的72%。

就在一切好不容易上軌道之際，卻遇到4次颱風來攪局。

當初為了取信於專家學者與在地居民，臺北市環保局特別採取雙重阻斷的高規格，在掩埋場底部及斜坡鋪設厚度2.5公厘的不透水布作為阻水設施，上方再鋪上一層厚達50公分的保護壤土。另外在谷底下方，再鋪設一層不透水布，兩層不透水布之間填以30公分厚之砂土。

另外包含垃圾滲出水、雨水及地下水也有標準處理流程，在垃圾掩埋前、掩埋過程中及掩埋完成後，為使外部雨水不致流入掩埋區，還在掩埋區下設置地下水集排系統，一來避免垃圾腐化產生的污水滲入地下水層造成污染，二來可將降在掩埋區滲入垃圾層的雨水也導入污水處理廠。而山區本身的自然雨水與沿地層流入掩埋場址不透水布下方的地下水，則透過預先埋設的涵管引導排出。

只是人算不如天算，1994年的夏天連續來了4次颱風，造成山洪爆發，瞬間大量降雨超過污水處理場所能處理的範圍，雨水混著污水傾洩而下，污染了當地環

■工程完工後監督營運小組持續嚴密監控。

境，居民累積的不滿與憤怒瞬時爆發。

　　當時的南港區舊莊里李清松里長回憶，一場暴雨讓舊莊街變成「舊莊溪」，數不清的垃圾衝進公寓地下室，不少激動的民眾趕往場區，指著環保局官員的鼻子大罵沒良心。

　　無奈的張晃彰代理局長自覺努力卻敵不過天災，向市長請辭負責，黃大洲市長以非戰之罪慰留，要他留在工作崗位上，把所有遭風災破壞的防污設施做到最好。李清松等幾位里長也親自到現場監工，要求務必將掩埋場對外的土堤確實修復完工，避免日後再發生類似情況。

　　這位被新聞媒體形容「差點被颱風吹下台」的代理局長，就在兩座掩埋場封閉和開放之際歷經重重挑戰，一路走來靠著誠心與民眾溝通，並接納公民與專家的監督參與和嚴格檢視，終於化解各界疑慮，完成不可能的任務。

臺北市山豬窟垃圾衛生掩埋場歷年掩埋量變化圖

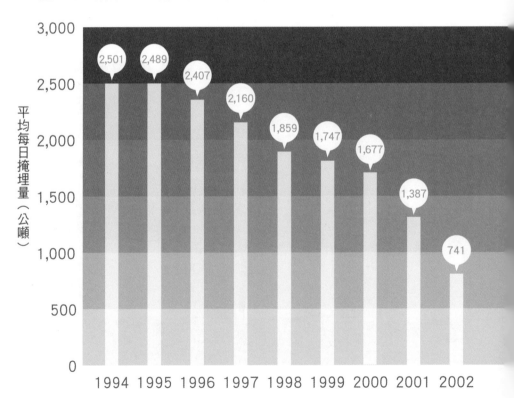

結語

　　再回首山豬窟選址、福德坑封場的艱辛歲月，從臺北市環保局在選定場址前，即透過專業工法及科學檢測數據取信於民，並組成專家評估小組、多次召開選址評估會議，在各相關領域的專家學者就各面向周全考量之下，終於選定山豬窟位址；再則選址和封場同步進行的過程中，兩地居民透過監督施政的公民參與行動，與專業學者、民意代表隨時掌握施工情形，可謂雙方對人民參與監督的認知與素養皆已成形，全案也得以在天時、地利與人和的條件下，順利完成。

　　如今，為配合臺北市政府2010年零掩埋、全回收政策，山豬窟垃圾衛生掩埋場轉型為廢棄物暫置場，平時進行樹枝、巨大垃圾破碎物及彈簧床墊拆解等回收再利用，遇有天災時則進行災害廢棄物分類物回收再利用。至於居民最期待的美化、綠化也已完成，陸續填土興建了公園與溫水游泳池等設施，地方人士還希望充分利用這塊多出來的土地，增設圖書館、環保生態教育園區等，化腐朽為神奇，為公民參與政策監督留下一個美好的註腳。

2003	2004	2005	2006	2007	2008	2009	2010	2011	2012
429	167	133	88	54	55	59	63	0	0

（年）

政策制訂

專家審議會議 & 研商公聽會議

經過風險評估以及風險管理等嚴謹的前置準備程序後，即進入制度建立的法令階段。行政機關此時應邀請當事人、利害關係人、專家學者以及一般民眾，針對欲建立的行政規則進行專家審議，或是公開欲頒布的法令規範草案進行研商公聽會議，廣泛收集各界意見以為參考。

在專家審議會議中，再次透過相關領域專家學者，基於風險評估階段歸納出的數據結論與建議，以及風險管理結論的適行與否，共同研商解決之道。繼而召開研商公聽會，向社會大眾說明法令制訂的緣由、細節以及相關配套措施，再則聽取相關反饋意見，評估是否有需調整或修正之處後公告之。

在第三篇章中，以環保標章及碳標籤兩項制度的規格標準制訂過程，說明專家審議會議進行的模式與關鍵要點。其中2007年源自英、澳等國家的碳標籤，初期是以食品與日常用品為主要標的，擬訂適合該地產業與生活型態的標章制度。至2008年時，美國加州領先推動「碳標籤法案」草案的立法行動，成為全球首例，其碳足跡資訊的評估、認證及標準化標示的相關規範與推動方案，後來也成為我國制訂標章規範時的參考依據。

研商公聽會議，則取2件環境事件的法令制訂過程說明之，包含霄裡溪廢水排放事件發生時，環保署增訂飲用水中鎘鉬等元素的管制標準，以及1996年臺北市政府大刀闊斧推行「垃圾不落地」政策，與後續推行的「三合一資源回收計

畫」和「垃圾費隨袋徵收」政策等，此成功經驗不僅消弭讓各方頭痛的「垃圾大戰」，甚至創造「零掩埋」奇蹟，可說是政府與民間齊心協力的最佳典範。

參考文獻／
張四立（2009）。後京都減量一二──談碳足跡。能源報導，2009年9月號，頁27。台北：經濟部能源局。

專家審議會議

綠色消費：環保標章制度

公聽及審議制度
建立產品規格標準

為鼓勵臺灣消費者重視綠色消費導向，促使產業廠商製造並販售符合環境保護之產品，環保署跟隨先進國家的腳步，設計一套符合在地產業需求的環保標章制度，並組成專家審議會議，透過公正、公開、公平之機制，承工作小組、產業公聽會、專家諮詢會舉辦時所匯集的各方意見，在專業考量與民意之間取得平衡，訂定出各產品類別的環保標章規格標準，讓有意申請環保標章的廠商有所依循，也讓廠商取得標章後，更能獲得消費者認同。

綠色消費：環保標章制度

全球經濟的發展造成環境污染及氣候的變遷，隨著民眾環保意識高漲，民眾到賣場購物時，除挑選對自身健康無害，會更有意識去採購對環境友善的產品。但是消費者要怎樣才能知道產品是否安全無害或對環境友善？這時就需要具有公信力的標章圖案，供消費者識別。

為了讓消費者在購買時能有參考的依據，德國率先在1977年推動環保標章制度，至今全世界已有50多個國家推行環保標章制度，我國也在1992年規範執行，並評選出「環保標章」圖樣，推動至今已21個年頭，公布了124項產品規格標準，在世界各國排名第3，種類涵蓋資訊產品類、家電產品類、省水產品類等民生用品。

經由環保標章制度的推動，也直接與間接鼓勵廠商在產品的生產過程中包括原料取得、製造、販賣、使用及廢棄的生命週期中，能夠降低污染，節省資源使用，增加可回收設計及減毒，為地球家園更盡一份心力。

認識環保標章

臺灣環保標章係由一片綠葉包裹著純淨、不受污染的地球組成；象徵可回收、低污染、省資源的環保理念。為核發環保標章有所依據，針對不同產品特性，訂定了一個特定準則，稱作產品規格標準。例如電腦主機產品，就規定產品要有省能裝置、開機及關機能源消耗也不能超過限值、外殼不能電鍍，以及有害物質不能被檢測出來等詳盡的規定。換言之，有規格標準可以依循的產品類型，廠商產品如果符合這個規格標準，才能提出申請，經審查通過後，會頒發環保標章使用證書，廠商領到這張證書，可以證明自家的產品是環保標章產品，而且在產品、包裝、型錄或網站上才能標示標章圖案。

■環保標章圖案。

■環保標章產品之標示情形。

環保標章的特色

我國環保標章制度目前完全符合國際標準組織所訂定的ISO 14024環保標章原則與程序。本質上，環保標章是一種經濟工具，目的在鼓勵那些對於環境造成較少衝擊的產品與服務，透過生產製造、供應及需求之市場機制，達到生產及消費過程對環境保護的目的。為達成其效用，我國環保標章只頒發給同一類產品中，前20-30%環保表現最優良的產品。換句話說，環保標章產品不但具有低污染、省資源、可回收等特性外，還必須跟同類型的商品互別苗頭，表現優良的前20-30%才能雀屏中選。

要選出環保標章產品，必須訂定嚴格的規格標準，在訂定過程中，與該類產品規格標準相關的利益關係人也有資格前來參與討論，透過公開、透明的程序訂定，最後再予以公告。

歐美環保標章產品規格標準未必較臺灣嚴格

儘管歐美先進國家比我國早一步推動環保標章制度，因此有比較嚴謹的規範嗎？其實不盡然。世界各國在制訂環保標章規範時，都會考量該國的環境特性。以我國為例，在洗衣清潔劑環保標章的規格標準中，我國對含磷量的要求較其他國家嚴格，因為臺灣的水體優養化情形較為嚴重。因此在其他國家雖然已經取得該國環保標章的洗衣粉，不見得就符合我國的環保標章規格標準。

嚴格把關　界定優良廠商

因為環保標章標榜的是優良產品，每家廠商都可以宣稱自己的產品很優良，因此如何界定產品在生產時原料取得、製造、使用及廢棄、回收的生命週期中，符合「低污染、省資源、可回收」的環保特性，就需要一套嚴謹的規範。既然是要挑選出同級產品中排名前段的模範生，因此，依產品類別制訂的規格標準就非常重要。

　　這就好比拳擊賽，羽量級選手不能拿來跟重量級選手較量。傳統燈泡不能拿來跟LED燈泡比，因為比較的基礎不一樣。也因此，當初環保署在制訂環保標章制度時，首要事務就是必須訂定出公正的產品規格標準。為了讓這個規格標準更具公信力，環保署設定了2種方式。

　　公會提議：由產業公會結合會員依產品表現優良的前20%～30%的品質要求，研擬環保標章規格標準的草案內容，直接向環保署提議訂定。

　　環保署自訂：由審議委員依據國際趨勢、市場規模、機關採購需求、環境效益及業界意見等多方考量，決定制訂規格標準之產品類別優先順序，並訂出產品表現優良的前20%～30%的品質要求。

環保標章規格標準制訂審查程序

　　環保標章規格標準草案出爐後，會先經過環保署工作小組審查，通過後舉辦公聽會，邀請產業及相關單位之利害關係人一同討論，以利收集廣納各方意見。公聽會結束後，再舉行委員專家諮詢會，檢討公聽會的意見，哪些合理要求應該被採納或修正。最後，提交綠色消費暨環境保護產品審議會（簡稱審議會）審議，若審議通過，則予以公告。

　　其中扮演重要決策關鍵角色的審議會，係由環保署召集組成，委員經署內提名20至30位專家學者，由署長遴選出11至15位聘任，兩年一任。再按照各委員專長分配2個工作小組，分成：綠色消費推廣工作小組和產品標準及管理工作小組。審議會成員包括環保署代表2至3位，專家學者4至7位，政府機關專家代表3位和民間相關團體代表2位。原則每個月召開一次會議，必要時也可召開臨時會議。

■工作小組會議及公聽會舉辦過程。

環保標章規格標準制訂審查程序

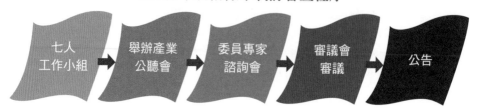

七人工作小組 → 舉辦產業公聽會 → 委員專家諮詢會 → 審議會審議 → 公告

行政院環境保護署環保標章規格標準訂定標準作業程序

作業項目	內容
收集資料及檢討產品類別項目優先順序	收集國內外相關標章標準、產品品質安全性等標準與綠色產品趨勢及國內政府機關企業團體之需求,提出產品類別項目優先順序,召開產品標準及管理工作小組(以下簡稱工作小組)會議,協助審查優先順序。
提出規格標準草案及初審	針對工作小組決議優先產品類別,提出完整規格標準草案,邀集工作小組委員、該項產品專家及署內相關單位共同討論初審,如屬社會關切或有重大爭議者,則需向署長政策簡報。
召開研商公聽會	草案初審通過後,邀集相關產業工會或政府機關召開研商公聽會,廣納意見。
召開委員專家諮詢會	參酌研商公聽會意見修正後,邀集綠色消費暨環境保護產品審議會(以下簡稱審議會)委員,召開專家諮詢會共同諮商討論。
審議會審議	針對專家諮詢會意見予以檢討修正後,提審議會審議,作成「通過」或「再提審議會」之決定。
公告作業	審議會審議通過後,徵詢署內相關單位意見(含法制單位)審查後,予以公告。

資料來源:環保署

而審議會的組成任務，除了審議適用環保標章產品的項目及規格標準外，也需審議全民綠色消費政策、法規的訂定和宣傳推廣；標章審查核發及追蹤管理；驗證審查業務之再申覆或相關管理監督等事宜。

透過前述審查程序如此層層意見的收集、彙整、修正與審定，最後擬定出的規範，即是綜合產官學界各方最大公約數的規格標準，未來同類性質產品如要申請環保標章，都必須符合此規範。

另一方面，環保標章規格標準也並非萬年條款，而是會隨著產業趨勢、廠商生產技術的進步，以及環境保護法規等不同因素而予以修正。每次修正，就必須重新進行工作小組、公聽會、專家學者諮詢會乃至審議會的程序，讓環保標章的規格標準能與時俱進，永不與時代脫節。

公聽會的組成與辦理程序

由於環保標章為自願性申請，所訂的標準並非管制廠商，為能使更多好的廠商瞭解及參與環保標章制度，乃參考環保署其他公聽會之程序，邀請相關業者、公會、檢測機構研商，廣泛蒐集意見亦可順便宣傳環保標章精神。

公聽會舉行前2週
- 書面通知：記載公聽會事由、時地、邀請對象及主管機關。
- 通知對象：利害關係人／團體、公會及其他相關機關單位。
- 網站宣傳：公聽會之會議資訊於環保署網站公開。

正式議程

主席、主管機關致詞
- 簡報或說明公聽會舉辦事由

各方意見陳述
- 利益關係人、相關人士或機關團體表達意見

意見回應與討論說明
- 主管機關回應各方意見

彙整專家、利害關係人意見：以碳粉匣規格標準為例

制訂環保標章產品規格標準時，環保署多會優先參酌署內及專家學者的意見，再以廠商及公會的意見為輔。為讓各方意見能夠溝通暢達，公聽會及廠商說明會就顯得非常必要。例如在修正原生碳粉匣規格標準時，環保署就是透過2012年4

月，委託財團法人環境與發展基金會召開「101年第1次資訊類產品環保標章申請作業説明會」，廣邀事務機器廠商、電機電子同業公會、臺北市電腦公會、臺北市事務機器同業公會一同與會討論。

在會議當中，公會及廠商代表提出，如今產品設計及技術精進，碳粉匣型式已多元化，現有規定的適用範圍，要求以整支匣體抽換方式置入設備，於適用於包含單純碳粉匣、感光鼓匣及包含感光鼓之碳粉匣，沒有將其他更精簡的碳粉匣型式納入，希望環保署能參考國內外標章，研擬修正草案。

在2013年4月15日舉辦「102年度第1次產品標準及管理工作小組會議」討論草案時，工作小組委員就建議草案中的碳粉匣種類：「種類包含……感光鼓匣及包含感光鼓之碳粉匣」，可修正為「感光鼓匣『或』包含感光鼓之碳粉匣」，已將業界意見納入。

2013年4月30日舉行公聽會時，多家廠商只對於原本草案中第7.1點：「申請人或申請人之代理商應負責進行碳粉匣之回收與填充再使用。」表達疑慮。廠商認為，原生碳粉匣回收後，不應該只有「填充再使用」，也有廠商認為為何只有原生碳粉匣廠商必須負責碳粉匣的回收？臺北市事務機械商業公會則建議將草案文字修正為：「……回收『或』充填再使用」。

環保署則回應表示，草案中第7.1點並非要強制廠商進行回收，而是強調業者應該要有碳粉匣回收、充填、再使用及再利用的行為，並會斟酌考慮將其中的條文字樣改為「……回收『或』充填再使用」。

最後在2013年5月21日召開「102年第4次綠色消費暨環境保護產品審議會委員專家諮詢會」時，審議會委員也提問，如果公聽會中廠商的意見沒有被採納，是否還有其他意見表達的管道？環保署則回應，廠商可向驗證機構或環保署承辦人反映。若已通過審議會審議後，則可納入下一次的修正檢討。

另位審議會委員也提出，在修正草案第7.1點「申請人或申請人之代理商應負責進行碳粉匣之回收與填充再使用。」中的「應」有強制的意思，導致廠商必須百分之百回收所銷售的產品，這與環保署希望廠商提供碳粉匣的回收與再充填的原意是不同的，因此建議刪除「應」字。如此經歷多次會議的討論，於2013年7月15日完成修正公告。

環保標章規範高標準

根據國際標準組織的規範，環保標章的制訂程序非常嚴謹。例如在定義環境訴求

時，不能使用「對環境安全」、「對環境友善」、「對地球友善」、「無污染」、「綠色」、「永續性」、「大地之友」等模糊籠統的字眼，而是必須使用明確而具體的定義，例如：「可回收」、「省水」、「可分解」、「能源節約」。以我國的環保標章的產品為例，就必須具備「低污染、省資源、可回收」3個要項，也因此在我國各類與環境相關的標章當中，是最嚴格的。

舉例來說，如果產品獲得「省水標章」，但省水不代表一定省電。又或者電子產品雖然容易拆解、可回收，但不見得在製程當中低污染。而環保標章並非只針對產品訴求要求符合規範，既然環保標章代表的是「優良產品」，生產的廠商也必須是「優良廠商」。因此環保署規定獲得環保標章的廠商生產場所也都需遵守環保法令。

環保法令有空污防制、水污染管制、廢棄物管理及毒化物管理等規定，廠商應證明申請前一年未受重大環保處分或單一法規2次或總計不能超過4次違規處分，且廠商必須證明廢棄物都已經妥善處理，也必須提出最近一期回收清除處理費的繳費單證明回收工作符合環保法令。如果廠商申請環保標章前一年，曾被環保機關處分單一法規超過2次或各法規合計超過4次，就不能夠申請環保標章。環保標章對廠商要求甚嚴，自然是希望都是正牌、優良，而且是真正落實環保的廠商來申請。也因此，能夠榮獲環保標章的廠商可以說都是「乖寶寶」。

愛護地球Taiwan Goes Green

目前全世界已有50多個國家推動「環保標章」，臺灣推行環保標章制度，不僅符合世界環保潮流，也為地球永續盡一分心力。環保標章的推動，最直接而顯著的效益，就是減少污染與禁止有毒物質的使用，增加產品的回收使用率，替後代子孫留下乾淨的森林與純淨的水源，並替臺灣節省寶貴有限的自然資源。

根據環保署統計自2003年起至2012年底，近十年來推動成果，全臺灣所生產的環保標章辦公室再生用紙，至今已達1,466萬公噸，不但因此減少大量森林砍伐，也節省了等量的原生紙漿，並減少製紙過程的能源耗費與污染排放。

省水效益方面，全臺目前已頒發24萬個二段式省水馬桶環保標章，每年替臺灣節省117億公噸的用水量。省電方面，國內目前約有81萬台環保標章冷氣機，若與傳統冷氣機比較，每年替臺灣節省72百萬度的電力，並減少3億元的電費，還因此減少發電中約4.6萬公噸的二氧化碳排放。

優先採購環保標章產品　綠色採購力量大

使用環保標章的商品，能夠節能、減碳、省水又省電，也因此從1998年起，政

府採購法第96條規定政府機關在採購中。應優先購買有環保標章或具有相同效能的產品。

2002年起，政府機關努力推行綠色採購（green procurement），優先購買符合「低污染、省資源、可回收」之環保標章產品，成效卓著。因為政府採購能發揮領頭羊的示範作用，在國外如歐盟，每年政府公部門用在綠色採購的金額就超過2兆歐元，大約為歐盟GDP之19%，對於維護自然環境的影響無遠弗屆。

我國政府機關的綠色採購金額經過推動與宣導，採購金額已逐年提升，並對環境保護產生實質的經濟與能源效益。例如2012年政府綠色採購達95.1億元，因為政府的綠色採購，已減少砍伐969萬棵樹、省電733萬度，減少4,838公噸的二氧化碳排放、省水1.8萬公噸、廢棄物回收再利用減廢量301公噸。而民間企業團體及一般民眾總綠色採購達352.6億元，也累積相當成效。

環保標章及綠色採購發展歷程

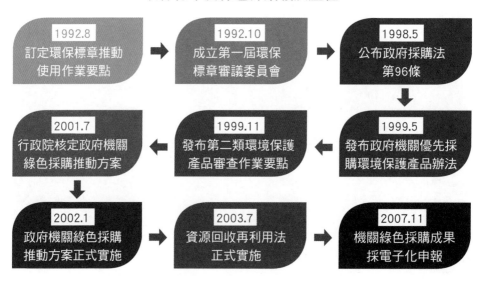

結語

　　回顧環保標章制度，於建置初期針對各產品規格標準之制訂，審議委員們就已有共識，既然要挑選出優良廠商所製造之環保產品，規範就必須嚴格，所以委員們初始訂定的就是綜合評比的產品品質與環保表現要在同級產品前20%至30%。對於這樣的原則，廠商們也都能夠接受，因此不會產生過多爭議。發展至今，不論是由公會或環保署提出產品規格標準的訂定，公聽會邀請產業廠商等利害關係人與會共同討論，乃至經專家諮詢會、審議會決議等程序，公民參與機制的設計已近健全。

　　相較於其他標章，環保標章的要求項目較廣。例如碳標籤的訴求是希望廠商減碳，但減碳只是環保項目中的其中一項而已。90年代的環保項目強調節水、節電、減少廢棄物、低污染，減碳則是這幾年才興起的議題。因為環境議題會不斷改變，所以環保標章也是滾動式的，應隨時代演進而修正。

　　因此，扮演每一次的產品規格標準新訂或修正把關的審議會，則需謹慎且多面向考量，畢竟，要督促廠商製造商品能符合真正落實環保概念，不僅是要對人體健康，更要對環境友善，不排放污染，而且能夠從源頭減量、減少資源的浪費。也正因為環保標章的審查是如此嚴格，在廠商與消費者之間，樹立起公信力，未來民眾只要看到環保標章，都會更願意，也更能夠安心購買，在消費的過程中也為地球盡一份心力。

參考文獻／
・行政院環境保護署（2012.10.17）。行政院環境保護署綠色消費暨環境保護產品審議會設置辦法。
・宜蘭縣政府法規資訊網（2013.9）。http://law.e-land.gov.tw/law
・綠色生活資訊網（2013.10）。http://greenliving.epa.gov.tw/GreenLife
・Public Hearing Process（2013.9）。http://www.bcuc.com/Hearing.aspx

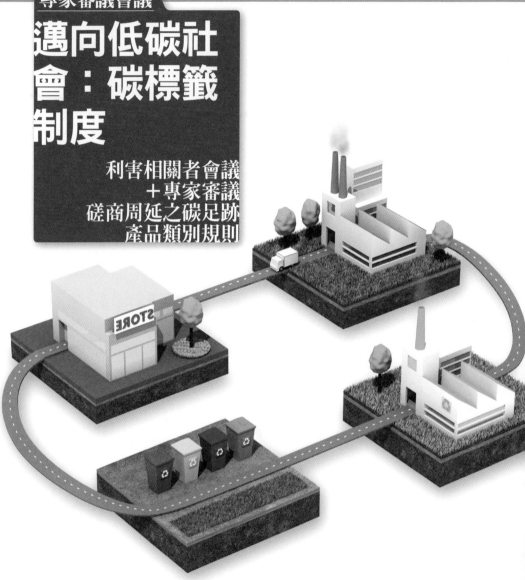

邁向低碳社會：碳標籤制度

利害相關者會議
＋專家審議
磋商周延之碳足跡
產品類別規則

產品碳足跡標籤（以下簡稱碳標籤）是因應全球暖化及減碳政策而誕生的新標示，它是一種新的行銷手段，鼓勵廠商誠實揭露產品生命週期過程中的碳排放量。我國是全世界第11個推動碳標籤的國家，制訂碳標籤的過程中，利害相關者會議、專家會議與審議會，讓碳標籤的規範能更聚焦，符合產官學研的多方期待。

全球氣候變遷，暖化加劇，各國紛紛推出節能減碳措施，朝低碳社會邁進。我國也在2009年跟進響應，推出碳標籤圖示，並於2010年完成碳標籤申請、審核與管理制度，成為全球第11個推動碳標籤的國家。

我國制訂碳標籤的過程中，主要師法環保標章制度，並參酌各國推動碳標籤的作法及考量國情，研擬出一套碳標籤制度。截至2013年10月，環保署已公告58項碳足跡產品類別規則（Product Category Rules, PCR），並已有184件產品取得碳標籤。

所謂的產品碳足跡，就是廠商去盤查產品整個生命週期過程中的各類溫室氣體排放量，並換算成二氧化碳當量的總和，例如布丁從生產原料雞蛋開始，每一個製作過程用了多少水、多少電，產品運輸到商店，一直到消費者去商店購買回家冷藏，吃下布丁後把布丁盒廢棄處理回收等整個過程，所換算出來的二氧化碳排放當量。而碳標籤是將此二氧化碳排放當量標示在產品包裝上的圖示，供消費者識別。例如罐裝可口可樂上會寫CO_2幾克，代表該產品整個生命週期，一共產生這麼多的溫室氣體排放量。

碳標籤與環保標章最大的不同，在於環保標章是鼓勵低污染、省資源、可回收的環保產品。碳標籤則是一種揭露，告知消費者該項產品或服務，從原料取得、製造、配送銷售、消費者使用到廢棄處理回收的整個生命週期過程中，所產生的溫室氣體排放量；廠商同時承諾未來持續減少產品碳足跡。

Carbon Trust全世界倡議碳標籤的第一個組織

世界上第一個推動碳標籤的組織，是英國的非營利組織英國碳信託基金（Carbon Trust）。2007年在Carbon Trust的推動下，英國的Walkers洋芋片、Innocent的果汁冰沙及Boots植物性洗髮精等產品上，率先出現了碳標籤圖示。

推動碳標籤是因應1997年京都議定書協議，減少溫室氣體排放量的做法之一。根據1997年在日本京都召開的聯合國氣候變化綱要公約第3次締約國大會，確認要對6種會造成溫室效應的氣體進行減量，包括二氧化碳（CO_2）、甲烷（CH_4）、氧化亞氮（N_2O）、氫氟碳化物（HFC_s）、全氟碳化物（PFC_s）及六氟化硫（SF_6）。其中，二氧化碳的影響效應佔了55%，影響全球暖化最劇。而在2012年，行政院環境保護署也已將此6種氣體公告為「空氣污染物」。

碳標籤主要揭露了一項產品或服務整個生命週期的碳足跡，透過碳標籤能讓產品生命週期的每一階段碳排放來源具體化，促使生產廠商更加重視，並思考減少排放的可能性，以減輕對環境的衝擊。消費者則能透過碳標籤的標示，選擇較低碳排放的產品，從消費行為的改變，敦促廠商進行減碳。

各國碳標籤圖

■奧地利

■瑞士

■英國

■德國

■英國

■美國

■美國

■泰國

■日本

■歐盟

■法國

■澳洲

委請專家調查制度推行之可行性

我國在推動碳標籤前，為了瞭解碳標籤制度在臺灣推行的可行性，曾於2009年委託臺北科技大學環境工程與管理研究所胡憲倫教授的研究團隊進行調查，研究應用現行環保標章驗證系統推動商品實施碳標籤的可行性。研究案中除分析各國碳標籤的施行制度、背景與做法，也輔導民間企業BenQ及大黑松小倆口兩家公司，進行碳足跡的盤查試驗，研究成果提供政府建置碳足跡盤查、計算與驗證法規時的參考。

同時，研究團隊發放了1,250份問卷，詢問民眾對碳標籤的看法，以創新擴散理論分析問卷，得知民眾大多支持碳標籤政策，願意藉由購買有碳標籤的產品來表達其環保訴求。

此外，研究團隊以「別讓地球碳氣　邁向低碳社會」為主題，舉辦「臺灣碳標籤Logo設計徵選活動」，從1,200多件投稿作品中，遴選出我國現行採用的碳標籤圖樣。

「臺灣碳標籤」意涵說明

數字及計量單位，代表「碳足跡」。係產品生命週期所消耗物質及能源，換算為二氧化碳排放當量。

愛大自然的心，減碳"酷"地球，及落實綠色消費，與邁向低碳社會。

綠葉，代表健康、環保。

碳足跡的盤查

世界各國目前對於碳足跡的計算，尚沒有一套統一的標準。國際標準組織制定的ISO/Ts 14067，主要是以英國標準協會（BSI）的PAS 2050為基礎，再將碳足跡的評估範圍擴大，特別是產品廢棄處理回收階段，ISO/Ts 14067特別要求將回收料件等處理與二次料加工都列入計算，如此才能完整計算一項產品從搖籃到墳墓，也就是從原物料的開採、運送，產品製造、運送、使用，到廢棄處理回收等

整個生命週期的碳排放總量。

環保署為了讓廠商能有所依循，也特別制定了《產品與服務碳足跡計算指引》，並宣布當ISO 14067標準公布時，《產品與服務碳足跡計算指引》將會依照ISO 14067作修正。

產品碳足跡的計算，最困難的部分並不是計算工具，而是對廠商產品的「盤查」。胡憲倫教授舉當初進行BenQ的碳足跡盤查為例，計算產品碳足跡的工具方法不是問題，真正的困難點是「實際去盤查」。例如，要生產一部電腦需要很多零組件，牽涉到許多上游供應商。廠商必須提供足夠的數據，才能盤查完整，據以計算出生產過程中的溫室氣體排放量。

「最大的問題是數據的取得，而不是評估工具。」胡憲倫教授指出，碳足跡的計算遵循生命週期評估（Life Cycle Assessment, LCA）工具。LCA是一種系統分析方法，意指：「對產品系統自原物料的取得到最終處置的生命週期中，投入和產出及潛在環境衝擊的彙整與評估。」這項分析工具研究團隊非常熟悉，但是生產過程的數據取得，就顯得複雜許多。

盤查過程中，會交付廠商一份盤查表單，廠商逐一稽核填表。例如原料使用糖跟牛奶，糖從國外進口，則必須逐筆記錄每一個生產步驟所排放的二氧化碳量。最後這些數據仍須交由第三方查驗單位查證。

整個碳足跡盤查的設計，表面上是為了取得碳標籤，但背後還有更重要的意涵，是藉由盤查程序，了解每一生產環節的碳排放情況，找出可能減碳的熱點（hot spot）。例如大黑松小倆口就發現，在原物料階段的碳排放量是最高的，由此廠商就能著手進行製程碳管理，達到節能減碳的目的。

與環保標章一樣，推動碳標籤的第一步，是訂定出碳標籤查證體系的產品類別規則（PCR）文件。有了PCR的規範，廠商就能依照指引，一步步按圖索驥，知道哪些能範疇要盤查哪些範疇不用。

例如在「汽水（碳酸水）」PCR當中，就清楚定義出產品的適用類別、產品的組成成分、單位，甚至將生產汽水（碳酸水）的整個產品生命週期流程圖都畫出來，讓廠商知道哪些階段需要計算溫室氣體排放量。

而產品類別規則的訂定，也不能只仰賴環保署官方一種聲音，而是必須讓與產品相關的廠商、公會，以及瞭解碳足跡及產品生產流程的專家學者一同與會，共同討論其中的規格與標準，因此在PCR的制定流程上，環保署採用了「公民參與、專家代理模式」，藉由專家審議的機制，確保PCR的制定能夠符合產官學研各界的認同。

碳足跡產品類別規則之訂定流程

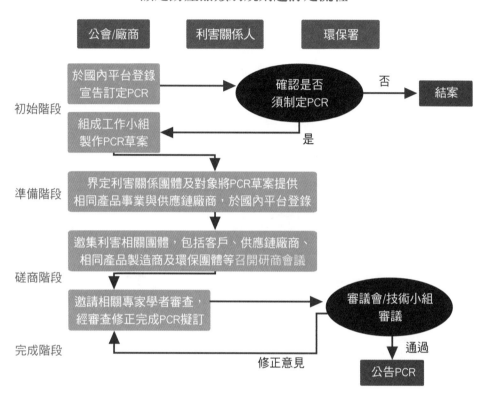

1. 初始階段：依照產品特性並援引相關規範，指派產品類別規則文件訂定計畫主持人，考量既有文件，成立工作小組，並界定利益關係團體及對象。
2. 準備階段：於國內登錄平台宣告將訂定之產品類別規則文件，擬訂產品類別規則文件草案，將草案提供給相同產品事業與供應鏈廠商。
3. 磋商階段：將產品類別規則文件草案公告於國內平台，邀集利益關係團體及對象召開研商會議，並參酌各方評論修改草案。
4. 完成階段：召開產品類別規則文件內部審查會議，邀請至少一位具生命週期評估與溫室氣體查驗相關技術資歷或經驗的專家學者，與其他專家學者組成3人（含）以上小組進行審查，並由工作小組列席報告；經內部審查修正後，完成產品類別規則文件擬訂。後續再提送環保署推動產品碳足跡標示審議會技術小組做最後的審定。

■碳標籤記錄的是產品生命週期中的溫室氣體總排放量。

專家審議會嚴把關

在實務上，環保署設立「推動產品碳足跡標示審議會（簡稱審議會）」，用以統整所有碳標籤的相關事宜，轄下設立技術小組、查核小組與推動小組。審議會委員共有17至21人，產生方式由署內先提名及各界提出建議人選，再由署長任命。

審議會成員目前有21位委員，包含環保署代表3位、機關代表7位、工業相關團體代表2位、商業相關團體代表1位、專家學者6位、環保團體代表1位及消保團體代表1位。其中機關團體有所指定，包含教育部、內政部、經濟部、財政部、交通部、衛生福利部及行政院農業委員會各1位委員，審議會委員兩年一任。

技術小組由審議會委員兼任，主要任務是審定碳足跡的產品類別規則文件查核小組成員也由審議會委員產生，負責碳標籤證書的申請審查工作，推動小組亦由審議會委員兼任、負責督導產品碳足跡標示的教育推廣相關事宜。

不管是技術小組、查核小組或推動小組成員開會時，都可視需要，額外邀請其他專家、學者參與審查，並得邀請有關單位及團體派員列席説明。

當PCR由業界訂定草案出爐後，會先召開利害相關者會議，將草案條文修正，再送交專家學者審查，審查完畢後送交審議會技術小組審議，最後予以公告。

廠商、公（協、商）會發起　利害關係人討論

PCR制訂的目的，是要讓同一種類的產品或服務，在計算碳足跡時，能有共同的比較基準，確保碳標籤的審定符合公平、透明等原則，因此PCR的草案發起人，可以是廠商或公（協、商）會。發起PCR草案後，為了要讓相關團體知曉，草案必須上網登錄公告，並發起利害相關者會議，大家共同討論PCR的內容。

由於碳足跡的盤查牽涉到整個產品的生命週期，因此利害相關者會議有很多成員，包括廠商的客戶、供應商、同業、公（協、商）會、環保團體及專家學者等。曾有一回，有兩家膠帶大廠都想發起制訂PCR，但是以環保署的角度而言，兩家企業發起的是同一類型產品，最後經協調，由公會提出，並找來上下游供應商及同業，有時甚至會請消費者與會。

例如「汽水（碳酸水）」PCR當初是由可口可樂臺灣分公司主導，為的是要計算可口可樂好拿手曲線瓶600毫升及可口可樂2公升產品的碳足跡，並申請碳標籤。該公司召開利害相關者會議時便邀集環保署、臺灣區飲料公會、遠東新世紀股份有限公司、宏全國際股份有限公司、光泉牧場股份有限公司、臺灣第一生化科技股份有限公司、黑松股份有限公司、香港商遠東可口可樂有限公司臺灣分公司、財團法人臺灣綠色生產力基金會張育誠組長、馬偕醫學院全人教育中心申永順教授兼總務長、臺灣食品良好作業規範發展協會陳建人秘書長、環科工程顧問股份有限公司，以及社團法人臺灣環境管理協會等單位人員出席，共同研商PCR內容的適用性。

會議中，可口可樂臺灣分公司建議把原有草案中【1.1適用產品類別】與【2.1.2產品機能與特性敘述】中的「碳酸飲料」，修正為「汽水（碳酸水）」，以符合商品分類號列2202.10.00的説明對應。

黑松股份有限公司則建議原草案中的【2.1.3產品的功能單位或宣告單位】：「單一最小包裝的碳酸飲料（如一瓶）」，應説明是否在配送銷售及使用階段要冷藏條件，且應加註容量。該意見採納修正後，正式條文已修正為：「本產品的功能單位為：單一最小包裝單位的汽水（碳酸水）（如一瓶/罐），並須註明容

量及說明在配送銷售及使用階段是否為須冷藏條件。」

對於銷售配送的文字，光泉牧場股份有限公司也提出建議。原草案：「銷售作業內容包含儲存、展示、包裝、販售、可能的配送或安裝服務作業等過程」，光泉牧場認為飲料業應沒有「安裝服務」，建議將該文字刪除。

利害相關者會議＋專家審議　完備PCR

PCR草案發起人參酌利害相關者意見修改後的PCR草案，再透過內部專家學者審查、環保署審議會技術小組審議等程序，引入專家學者意見，完備技術層面不足處。有一次，一鳳梨酥業者提出想要制訂鳳梨酥的PCR，結果被技術小組打回票，理由是如果鳳梨酥業者制作一個PCR，那麼草莓酥業者是不是也要提PCR？以技術小組的立場是，PCR的涵蓋範圍要越廣越好，後來詢問鳳梨酥業者，如果用「包餡糕餅」來訂定PCR，是否可以接受？這就是所謂相同的產品類別。

透過利害相關者會議，業者及公（協、商）會都有機會對PCR的規範提出意見，最後再由專家學者審議，使得PCR規範的訂定能更加周延，也更能獲得業者及消費者的認同。當然，若是經環保署公告實施的產品類別規則文件，有利害關係人提出異議，環保署得委託執行單位、該項商品製造商、提供該類服務業者或產品業者所組成之同業公（協、商）會進行檢討；經檢討認定有修訂之必要者，將重新完成產品類別規則文件之修訂，再於環保署審議會技術小組審議通過後公告。

結語

綜觀臺灣的碳標籤推行至今已有一段時日，民眾雖然對碳標籤還不是非常熟悉，但也對節能減碳有些許概念。儘管在碳標籤制度面設計上，臺灣是參考各國做法而爲，不過身爲環保署審議會委員之一的胡憲倫教授認爲，臺灣碳標籤本身有一點是值得誇耀的，就是所有碳足跡做完後，不管是企業對企業類（B to B）或企業對消費者類產品（B to C），都必須經過第三方驗證，反觀日本則只有第二方驗證，經過輔導單位確認就好，相較來說，我國的制度來得更嚴謹而客觀。

其實，碳標籤想做的，是環境教育的推動，目的在教育廠商承諾減碳。環保署在推動碳標籤上，有兩階段做法，第1階段是鼓勵廠商揭露碳足跡，目的是再教育。第2階段是當有足夠多的樣本或產品類別時，就能訂出平均值，未來同類產品來申請，就可核發減碳類型的標章，具體達成實質減碳效益，這是環保署想推動的方向。也因此，目前申請碳標籤的廠商，都會填寫減碳承諾，環保署希望藉由碳標籤制度的推動，能引導廠商進一步落實節能減碳。

廠商獲得碳標籤，並不代表它就是一個綠色企業，而是誠實地公布了碳排放。但碳標籤的環境教育意義仍值得肯定，因爲在整個盤查過程中，能喚醒企業去做更多減碳的努力。而這一切的成果，則更有賴每一次產品類別規則文件訂定之時，公民參與、專家代理機制中邀集各相關團體召開利害相關者會議，廣納各方意見看法；並舉辦專家審議會議，秉持公正、客觀且嚴謹的立場制訂規則，讓碳標籤成爲眞正值得參考的消費依據。

台灣產品碳足跡資訊網http://cfp.epa.gov.tw/carbon/defaultPage.aspx

參考文獻／
・胡憲倫等人（2009）。應用現行環保標章驗證系統推動商品實施碳標籤可行性之研究。行政院環境保護署委託計畫。

飲用水增訂銦鉬管制標準

科學監測找事實防範未然釋疑慮

2000年，華映、友達兩家高科技產業公司陸續在霄裡溪上游設廠。此後七、八年間，沿岸陸續發現暴斃魚蝦，再加上這條溪水既是灌溉用水，且沿岸使用民井的居民對於身上出現的皮膚病症狀和家中熱水器腐蝕現象，懷疑與光電廢水污染有關。2008年，環保署接獲當地NGO陳情，即積極研處因應，除邀請專家共同檢測研議飲用水水質中的銦、鉬含量，並經過健康風險評估專家會議、水質標準專家諮詢會議，擬訂飲用水水質標準銦、鉬之檢測標準，並公開經由公聽會，與相關利害關係人進行討論研議，最後完成訂定飲用水水質標準銦、鉬之管制規範，進一步為飲用水品質把關。

飲用水增訂銦鉬管制標準

發源自桃園縣龍潭鄉店子湖的霄裡溪，流至新竹縣新埔鎮與主流鳳山溪交匯。蜿蜒行經山丘地帶，滋潤了一畦畦綠意盎然的田野，當地多數以務農為業的新埔人，暱稱霄裡溪為「母親河」，也以這條曾經被環保署列為水質最好的甲級水體河流為傲。

然而，河川是國人維繫健康生活的命脈，也是在地居民對於家鄉情感的重要聯繫。在這樣的認知基礎上，對於與生活息息相關的霄裡溪可能遭受華映及友達二面板廠工業廢水污染，環保團體臺灣動物社會研究社遂於2008年自行委託海洋大學進行霄裡溪魚類調查，發現工廠排放點下方魚蝦消失，臺灣動物社會研究社朱增宏執行長向環保署提出檢驗建議，認為此現象即為面板廠影響生態的重要證據。

儘管當時環保署經初步查證，華映及友達兩廠並未位於飲用水取水口範圍內，且不屬於禁止開發或排放的水源水質水量保護區，環保署仍立即進行了兩次霄裡溪沿岸土壤及地下水污染調查，結果顯示，檢測濃度均低於土壤及地下水污染管制標準。

此外，霄裡溪匯入鳳山溪附近，有自來水取水口，取水供霄裡溪沿岸新埔鎮等區域作為生活用水。新埔鎮的自來水普及率為50%，即一半居民以自來水為飲用水水源，另一半則以井水、地下水、山泉水作為飲用水水源，而霄裡溪上游華映、友達廢水排放，可能影響這些水源的水質。

「雖然檢測值低於污染管制標準，但因為是我們每天都在喝的水，長期下來一定會對健康有影響，現在怎麼還敢喝！」民眾的疑慮不斷，再加上部分居民出現嚴重的皮膚疾病，或受呼吸道疾病所苦，擔心與長期飲用地下水有關；而有熱水器廠商見當地某些居家熱水器腐蝕故障，也稱其他地區用戶沒發現過這樣的現象，懷疑是水質出了問題，居民驚恐：「如果金屬都可以被鏽蝕成這樣，我們喝下去，身體會變什麼樣子？」環保署了解狀況後，決定付諸行動改善現況。

民井雖非飲用水管理條例之適用對象，惟為瞭解沿岸井水水質，環保署自2008年起持續進行霄裡溪沿岸民井水質檢測，並多次進行沿岸現勘，及邀集新竹縣政府、新竹縣政府環保局及臺灣自來水股份有限公司等，共同商討霄裡溪沿岸鋪設自來水管線提供自來水之可行性，以及新埔淨水場擴建等事宜。

鑑於自來水管線整體工程規劃與鋪設施作之時程冗長，無法立即解決民眾日常飲用水問題，爰以立即可行為原則，經討論各方案後，決定以載水車運送自來水，配合持續檢測霄裡溪沿岸井水，以保障飲用水安全。

方案確定後環保署立即協調新竹縣政府研提「新竹縣霄裡溪流域沿岸住戶供水

■由於當時霄裡溪沿岸多數居民以井水、地下水為飲用水，因此水質污染導致的健康影響疑慮高，民眾人心惶惶不安。

計畫」，透過說帖及說明會，讓霄裡溪沿岸民眾瞭解供水方式，此外並提供居民儲水桶，自2008年10月23日起以載水車運送方式，供應霄裡溪沿岸住戶自來水。

水井驗出極微量銦鉬　專家來釋疑

　　環保署自2008年起持續進行霄裡溪沿岸民井水質檢測，範圍含括165處民井、檢測重金屬等項目。2008年5月檢測霄裡溪沿岸井水，結果並無異常，此外，2008年及2009年間進行民井井水採樣，除檢測飲用水管制項目外，同時檢測重金屬鎵、鉬、銦及鉈等4項及揮發性有機物等60項非飲用水管制項目。調查結果顯示，在揮發性有機物的檢測中並未發現異常物質，然而在部分水井中測出含有

極微量的新興污染物鉬及銦。鉬在當時民井井水之最高濃度是5.39微克／公升，遠低於WHO飲用水建議值70微克／公升，另當時世界衛生組織（World Health Organization,WHO）尚未建立銦的飲用水建議值。

新興污染物

根據王根樹教授撰述於臺灣大百科「新興污染物」詞條所述，新興污染物也被稱為「新興關切污染物」（Compounds of Emerging Concerns），係指未被各種管制標準所列管、在天然環境中被「發現」（通常是因為分析檢測技術的改善而發現），並且在環境中達到一定濃度時，可能危害環境生態及人體健康之化學品和其他物質。

為慎重起見，環保署於2009年2月及3月召開2場健康風險評估專家會議，並於2009年7月及9月召開2場飲用水質標準增列銦、鉬的專家諮詢會議，針對相關議題進行討論。

2009年2月召開第1次「面板業放流水對霄裡溪沿岸民眾使用地下水健康風險評估專家會議」，由華映、友達、新竹縣環保局、環保署等各方推薦的6位專家學者及單位代表共同參與，藉由醫學、水資源、環境工程及健康風險等專業背景進行討論，結論共識：為評估霄裡溪沿岸地下水是否受溪水影響，應需再蒐集或調查上游除了華映、友達外，其他污染源（工廠）之排放物質及排放量。

此外，委員亦建議除了2008年的檢測數據外，希望能再提供更多霄裡溪及鳳山溪檢測數據，才能更加詳盡地研判當地水質變化情形。同時，包括霄裡溪沿岸地下水流向及當時環保署尚未提出銦在水中對人體健康影響的相關資料，委員都建議需進一步收集。

繼第1場健康風險評估會議後，2009年3月底環保署又召開第2場專家會議。透過華映及友達提供的製程用化學品資料，以及環保署提出的檢測結果及分析等數據，再確認後續是否停止新竹縣新埔鎮巨埔、四座、新北、鹿鳴、照門、五埔等里水車載運自來水；結論建議環保署協調相關單位儘速於霄裡溪沿岸裝設自來水幹管；並收集當地居民健康資料，加以評析是否有特殊偏高或異常的疾病。

另一結論亦指出，相關資料顯示地下水污染物檢出濃度降低情形，可能與不景氣導致二面板公司產能減少；及經輔導、回收而降低污染物排放影響淺層水有關。所以，委員認為就目前單從銦的項目而言，對飲用水的風險不大，但仍須考量其他污染物及產能改變後增加的飲用水風險。

■專家會議中，與會學者結論建議儘速協助霄裡溪沿岸民家裝設自來水幹管。

此外，與會的臺灣環境行動網協會代表也指出，華映及友達提供的製程化學用品資料皆為2003、2004年的老舊資訊，與光電業者製程與時俱進、快速改變的特質不符。同時，學者亦於會中提醒，當時所得的檢測資料顯示華映和友達排放對溪水、井水確實有影響，只是在危害風險方面尚未達到學理上的影響限制；基於這些科學判斷，學者肯定環保署目前的處理方向，因為「如果現在不做，未來會更嚴重！」

專家諮詢會議訂定檢測標準

隨後，環保署根據檢測結果與會議中各方的意見，在霄裡溪地下水中銦及鉬濃度遠低於飲用水安全限值情形下，於2009年7月及9月召開專家諮詢會議，討論研訂飲用水銦及鉬之管制限值。

當時國際上針對銦之毒理資料過少，WHO、歐盟及美國等均未訂定飲用水水質標準銦的管制標準或建議值，而經由蒐集毒物實驗研究中有關口服銦的動物毒性研究文獻，得到有關銦無明顯有害效應劑量（NOAEL）為1,000 mg/kg-day，再

飲用水增訂銦鉬管制標準

以美國環保署官方認定的方式進行飲用水水質標準管制目標值之計算，以NOAEL為1,000 mg/kg-day為基礎，假設不確定因子（UF）為最嚴格之10,000，再以安全係數10來計算提高訂定飲用水水質標準中銦的管制標準，環保署據此計算評估研訂銦之飲用水水質標準為70微克/公升。

　而鉬是人體必須的微量元素，美國環保署將鉬歸類為非屬人類致癌物質，經由蒐集美國的研究報告顯示，鉬經飲水之暴露途徑的無明顯有害效應劑量為0.2毫克/公升，而當時WHO建議飲用水中鉬為70微克/公升，環保署據此評估研訂鉬之飲用水水質標準為70微克/公升。在第1場專家諮詢會議結論指出：鉬建議管制值0.07毫克/公升是合理的。相對地，飲用水裡銦的相關毒理資料、水質背景、國外管制等資訊都還不夠充足，尚需進一步研議限值範圍。

　第2場專家諮詢會議討論「飲用水水質標準第三條修正草案新增鉬與銦兩項標準」，與會的醫藥、毒理研究、環境衛生等專長學者共同決議：贊成鉬的管制標準比照WHO飲用水水質指引建議值為0.07毫克/公升；銦的標準則因現有毒理資料中，口服毒性研究數據仍不充足，且其毒性以呼吸吸入為主，經腸道攝取的毒性低，且動物口服實驗2,000毫克/公升並無明顯毒性作用，因此同意以暫行標準0.07毫克/公升規範，且建議後續再評估與檢討其合理性。會中委員明言建議，

■彙集國際列管情形及國內採樣調查結果後，由醫藥、毒物研究、環境衛生等專家學者共同討論飲用水水質標準。

為確保水質安全，應針對排放水訂定排放水質標準，以作為第一道安全防線，藉此降低飲用水遭受污染的潛在可能，並落實污染應負責的基本精神。銦鉬之放流水標準亦於次（2010）年完成研訂及公告施行。

主動出擊　公聽研議得共識

　　所謂打鐵趁熱，要順利推動政策，就須掌握時效。環保署甫於2009年9月上旬專家會議確認了飲用水銦鉬含量標準，旋即於10月2日召開「飲用水水質標準第三條修正草案」公聽研商會，邀集各縣市環保局、自來水公司、科學園區管理局、淨水協會、包裝飲用水發展協會、環境品質文教基金會及學界代表參與。

　　這場公聽會確立2009年11月底「飲用水水質標準第三條修正」，增訂「鉬」、「銦」管制項目，管制標準同為70微克/公升，進一步保障飲用水安全。

　　至2010年10月，環保署亦召開「放流水標準修正草案」公聽會，未來，「光電材料及元件製造業」的放流水將與其他工業分離管制，管制標準也會與時俱進，隨時檢討修正。

■對居住可能受污染區的民眾而言，釐清事實非常重要。

結語

在此事件中，臺灣飲用水銦鉬標準的訂定，標舉出政府對於國人健康的重視與嚴謹，在研議過程可以看到民間環保團體、高科技業者與主管機關三方的立場，即使無法完全達到人人皆滿意的結果，但在公民參與、專家代理的過程中，最重要的是資訊公開與各方意見的充分表述。

對此，自2007年5月起受環保署委託進行為期3年「飲用水水源及水質標準中列管污染物篩選與監測計畫」、同時參與了2009年舉行的飲用水水源及水質標準中列管污染物篩選與監測計畫專家諮詢會議的康世芳教授也提出，這次事件尤其彰顯出高科技業者資訊公開的重要性和必要性。

對於高科技業者使用的原物料資料不夠透明化，2009年會議當時提供數據並不是最新資訊，參與的居民代表提出希望廠方能開誠布公、更新製程訊息等需求，康世芳教授認為這些都是很合理的要求。因為，飲用水是每個人都要喝，尤其是對居住在可能受污染區的民眾來說，釐清事實的確非常重要。

基於如此的迫切性，公民參與、專家會議有助於了解民眾憂慮之事，因為在會議中可討論當地居民最關心的問題，澄清原本不是建構在專業知識上的疑慮，同時也是讓各方了解民眾感受的機會。康世芳教授最後分享他在與會過程中了解到，來自各專業領域的學者研究方法論不同，看法更是見仁見智，所以最後訂出相關的標準方法，才能讓分歧的意見有所依據並收斂結論，這樣的作法能提高民眾對於專家學者信賴，也達到解決民眾疑惑的目的。

2008年飲用水水質標準第三條化學性標準修正理由說明

影響人體健康

1. 砷化銦和磷化銦經呼吸途徑進入實驗鼠動物體內引起肺部組織嚴重損傷。銦鹽對肝、脾、腎上腺及心臟都有慢性危害，出現慢性炎症性改變。（Tanaka等，1996）經由口服則尚未發現有危害。

2. 根據Keiko Asakura等學者2008年提出以老鼠作口服銦毒性實驗為期28天的文獻，得到無明顯有害效應劑量（NOAEL）為1,000毫克/公升—每天。

標準值訂定

1. 依美國環保署建立飲用水水質標準之管制目標值（MCLG）公式計算方式：MCLG=（NOAEL）÷（UF）。UF為不確定係數設定為10000(10×10×10 ×10)，要考量相同物種間的差異、不同物種間的差異、暴露期間長短的差異以及研究數據的差異。假設成人體重70公斤，每天飲水量為2公升，每天經由飲用水途徑銦的總量比例為20％，則飲用水中銦的管制目標值為0.7毫克/公升。

2. 截至目前為止研究數量不多，故於專家諮詢會議，建議將安全係數提高10倍，將管制標準訂定為0.07毫克/公升，規定淨水場取水口上游周邊5公里範圍內如有半導體製造業、光電材料及元件製造業等污染源者，應每季檢驗1次，如連續兩年檢測值未超過最大限值，自次年起檢驗頻率得改為每年檢驗1次。

3. 此為現階段施行的暫行標準，以避免高科技產業如：半導體製造業、光電材料及元件製造業等排放水對飲用水水質安全影響與顧及民眾對水質安全的需求。未來3年內再評估檢討，若國外有進一步研究資料及規範標準值再予修正。

4. 國外管制情形：目前國際上飲用水水質中均未訂定管制標準。

影響人體健康

1.根據美國調查：飲用水中高鉬濃度造成尿鉬血漿銅藍蛋白濃度增加，血漿尿酸濃度降低。但未見對人體的有害作用，鉬在飲水中的無有害作用濃度為200微克/公升。（Chappell et al., 1979）

2.對前蘇聯高鉬區三處居民的400人的調查發現，每天高濃度鉬的攝入（10-15毫克）會引起痛風樣病，發病率為18-31%。（康世芳等，2008、Koval'skij,1961）。

3.在文獻中，尚缺乏經口攝入鉬的致癌性研究資料。

標準值訂定

1.經飲水攝入鉬的2年長期研究顯示：無明顯有害效應劑量（NOAEL）為0.2毫克/公升。（Chappell et al.,1979）一般而言，不確定性係數為10，但考慮到鉬是人體必需元素，因此世界衛生組織在飲用水水質準則中選用3，作為不確定性係數（UF），計算鉬在飲水中鉬的指引值為0.07毫克/公升（WHO,1996）。

2.本項目採用世界衛生組織指引值，並規定其採樣範圍為淨水場取水口上游　周邊5公里範圍內有半導體製造業、光電材料及元件製造業等污染源者，應每季檢驗1次，如連續兩年檢測值未超過最大限值，自次年起檢驗頻率得改為每年檢驗1次。

參考文獻／
· 環境資訊中心（2010.1.4）。霄裡溪風暴。http://e-info.org.tw/node/50778。
· 地球公民基金會（2012.12.18）。霄裡溪污染Q&A。http://www.cet-taiwan.org/node/1623。
· 自由時報（2013.2.5）。改善霄裡溪 友達提廢水全回收方案。http://iservice.libertytimes.com.tw/mobile/news.php?no=654897&section=28&type=a&template=c。
· 朱淑娟（2013.2.8）。友達「廢水零排放」初審通過 霄裡溪的魚會再回來嗎？環境報導。http://shuchuan7.blogspot.tw/2013/02/blog-post_8.html。
· 新竹縣政府。霄裡溪改善排水案。http://www.hsinchu.gov.tw/modules/v15_park/park/default.asp?id=33。

研商公聽會議

臺北市垃圾不落地、垃圾費隨袋徵收政策

消弭垃圾大戰
公民參與帶動臺灣奇蹟

你永遠不會知道，丟下一顆石頭，會激起多少漣漪？備受國內外好評的臺北市「垃圾不落地」與「垃圾費隨袋徵收」政策，其實最初是由於環保團體鑑於民眾對於垃圾處理問題的不滿聲浪日益升高，因而群聚眾人智慧想出的解決之道，後來再與臺北市政府積極研商，並舉辦數場公聽會和民眾溝通並交流意見，而成就法令制度的美麗果實。而這場由下而上匯集民意與政府合作的結果，激起的蝴蝶效應不僅消弭讓官、民頭痛的「垃圾大戰」，甚至創造「零掩埋」奇蹟，可說是政府與民間齊心協力的最佳典範。

要在城市疏離間尋求鄰人溫暖的慰藉，這在高度商業化的氛圍中，原本就是件緣木求魚的奢望，至少，對絕大多數的都市發展來說，是避免不了的「宿命」，但對實施「垃圾不落地」政策的臺北市居民來說，卻不見得。

看看牆上規律躍動的時針，豎耳傾聽由遠而近的少女祈禱音樂，拎起分類好的垃圾袋，回收的一袋，「隨袋徵收」專用垃圾袋的一袋，魚貫走出大樓出口，如魚群般群聚一處，看看一旁的鄰居，或是歡語、或是閒談、或是對時下政局的三兩意見，不知不覺，在等待的過程中，鄰里的八卦訊息迅速在彼此之間流通，這道由「城市」所構築名喚疏離的隱形高牆，在這時顯得蕩然無存，彷彿又回到鄉下時熟稔左鄰右舍時的特殊文化，而這一切，竟然是從「垃圾」搭起的橋梁。

這樣的「奇觀」，曾讓住在臺北、擔任撰稿人的美國人茱莉亞‧蘿絲，投書美國著名新聞媒體「華盛頓郵報」，談到「我在臺北學到的垃圾功課」，詳細述及有關垃圾分類、壯觀的等垃圾隊伍，分享她在臺灣所感受到最生動的社區體驗。這些或許至今你我早已習慣的「垃圾事」，其實放在世界的視野中，也是最難得、又值得仿效的「臺灣經驗」。

垃圾落地　污水惡臭四溢

時間，或許能淘洗一個人對記憶的留戀程度，但也許你還記得，臺北市在垃圾不落地政策實施前，當年的「垃圾大戰」，可是方興未艾。把時間拉回到過去，在1996年3月以前，臺北市民可以在每天晚上9點到11點之間，將家裡垃圾放置到全市3,824個收集點，等待環保局人員安排的固定312條路線將垃圾清運，乍看制度沒什麼問題，其實這樣的作法是吃力不討好，讓官民都不便利。

時任臺北市政府環保局五科科長、現任環保署綜合計畫處的楊素娥副處長就回憶說，因為採「垃圾落地」的方式，若缺乏公德心的民眾在不對的時間棄置在不對的地點，花再多的稽查能力都不能遏止隨意亂丟垃圾的歪風。而且當時為了要解決垃圾落地產生的污水溢流、流浪貓狗翻撿、髒亂等問題而設置的垃圾子車盛載容積有限，除一般民眾放置家庭垃圾包外，清潔業者也隨時一車一車往垃圾子車丟棄垃圾，空間很快就已佔滿，只好逼得其他民眾堆置於垃圾桶外，形成壯觀的小型垃圾山，「更重要的是，臺灣居家垃圾約一半的比例都是廚餘的湯湯水水，臺灣又屬於潮濕高溫的氣候，高溫容易引發腐敗，若是垃圾袋不緊實或是有破洞，溢流出來的臭味造成的影響可想而知。」

有礙市容觀瞻已是對當時垃圾落地的政策造成困擾，但問題還不僅於此，楊素娥副處長指出，這麼多垃圾棄置點，勢必影響鄰近居民的生活或營業空間，每一個點都可能爆發官民之間的衝突，「你要是開間豆漿店，旁邊就是垃圾棄置點，蚊蠅飛舞，腐臭四溢，你又不能拒絕，這樣不是很可憐嗎？」因此，在丟垃圾的「必要之惡」與里民經常性抗爭要求撤除下，雙方對垃圾處理方式處於緊張的情況屢見不鮮，長年累月下來，自民間就形成一股要求垃圾退出鄰里的「強烈共識」。只是，既不想垃圾桶出現在自家大門，每天產生的垃圾又必須獲得處理，面對這股由下而上排山倒海的要求改善聲浪，便有人開始思考解決問題的可行性。

現任臺北市民政局局長、當時服務於環保義工大隊的黃呂錦茹大隊長，對當時垃圾落地造成的「亂象」至今仍印象深刻，她回憶，惱人的垃圾問題讓臺北市民不滿已經至沸點，「當時市府辦了一場又一場的社區說明會，蒐集各個社區對於環保的問題，而70%以上的民眾所存在的問題就是痛恨垃圾堆。」當時統整說明會的結論，可歸納出民眾對資源過於浪費以及對垃圾堆衍生的厭惡感，由此，可證明共識已具，民氣可用，這股渴望積極尋求改變的能量正不斷蓄積，加上環保義工大隊這群多數來自於臺北市里長和鄰長的力量，配合民間社團如婦女社團、扶輪社、童軍團和學生，逐漸造就這股由下而上、期待垃圾不落地的動力。

環團提議、政策落實，垃圾從此不落地

垃圾不落地，其實最早是來自民間環保團體的概念，當時鑒於垃圾問題越演越烈，環團遂納集各方民眾意見，找出試圖解套的辦法，垃圾不落地即是其一。再加上有經濟起飛後在垃圾量高成長的壓力下，這股由下而上提倡的概念似乎成為解燃眉之急的處理藥方。於是在1996年3月，臺北市政府採納此建議，前臺北市陳水扁市長決定大力推動「垃圾不落地」政策。

所謂垃圾不落地，是指民眾定時、定點將家中垃圾攜出直接投置於垃圾車內。垃圾不落地對行之有年的臺北市民來說，或許現在是再自然不過的事情，但在當時，對環保局同仁而言，這場戰役能不能打贏，大家都抱持著疑慮。楊素娥副處長說：「這麼多年來，民眾隨意丟的生活習慣已經根深蒂固，你一下子要告訴全市的家庭改變原本的作息，談何容易？當然，會擔心失敗！」

該怎麼打贏這場由下而上、由民間形成的「建議」而落實成「政策」的戰役，完善的通盤計畫顯得十分重要。首先，政策出爐後，市政府隨即舉辦政策研商公聽會，深入臺北市鄰里，與基層里長和民眾溝通，表述政策相關執行方針，除了

■先選擇當時最髒亂的地點開始試辦。

聽取民眾回饋的想法外，亦共同討論應從何開始落實執行，取得雙方共識。緊接者，市府與部分里長有了「共識」，戰略一致，接下來的戰術執行，就是成敗關鍵。就像大軍壓境前斥候的情報收集至為關鍵，環保局決定先從小範圍的試辦開始，投石問路。

「我們先選擇當時評估最髒亂的點，也就是松山機場旁的延壽街開始試辦，那個地方民眾丟、清潔公司也丟，垃圾堆得老高，於是遊說里長接受我們建議作為示範點。」備受垃圾困擾的里長同意後，環保局跟里長兵分兩路，一方面市府要求清潔業者配合垃圾不落地，另一方面里長則跟里民宣導，並在實施當下，環保局派出大量人力站崗，里長也請許多義工協查，兩相配合，在不落地後，原本棄置點再加派水車不斷沖洗路面，漸漸地，成效開始彰顯。

「令人掩鼻而過的味道沒了，難看的垃圾山景觀也不見了，就連巷弄橫行的流浪貓狗都少了很多。」楊素娥副處長指出，延壽街煥然一新的環境，讓周遭里長嘖嘖稱奇，見成效卓著，紛紛要求效法，比照辦理，環保局見時機成熟，決定擴大辦理，於是召來其他地區隊長、分隊長來前來觀摩，作為擴及至全臺北市的準

備。但即便效果顯著，仍有人不看好，而且還是來自環保局的內部人員。楊素娥副處長表示：「有些隊長即使在觀摩後仍覺得做不成，抱持反對心態，認為要改變民眾長期的壞習慣實在不可能，但局長認為好的政策就該堅持。」

抱持破釜沉舟的決心，加上地方里長都認為這是對的，因為可以徹底解決長久以來遭里民詬病的垃圾收集點問題，畢竟垃圾收集點就在自家隔壁，讓無數民眾避之唯恐不及，抗議聲浪不斷，有了不落地的政策，等同天上掉下來的禮物，能減緩被陳情的壓力，里長幾乎都額手稱慶，全力支持不落地的環保政策實施。

從點到線再擴及至面，規格不同，配套措施勢必得再「升級」，否則一個好政策最後導致失敗收場，那就得不償失了。因此環保局便決定採用定點、定線、定時的方式實施垃圾不落地政策，「我就是沿著那條線收，幾點收就是幾點到，不會延遲，所以我有很多預備車以防萬一，畢竟要是不準時，就會產生擾民的爭議。」臺北市政府環保局盧世昌副局長也表示，為了一舉功成，除了定時定點外，在每個收置點附近都有其他的點，在不同時間收取垃圾以配合來不及的上班族，「若這樣還不能滿足你，在臺北市還有五十多個定時收受點，全年無休收取垃圾。」

■「定時、定線、定點」，落實執行垃圾不落地政策。

資源回收　解決城市垃圾大戰

　　有了垃圾不落地的基礎，緊接著1997年4月臺北市政府又繼續推動「三合一資源回收計畫」，資源回收的議題是如主婦聯盟等環保團體行之有年的訴求，環保局在回收計畫中，每周選擇兩天要求市民定時、定點將家中垃圾自行攜出投擲至垃圾車內，同時指派回收車跟隨在垃圾車後方收取民眾交運的回收物，結合「垃圾分類」、「資源回收」、「垃圾清運」三項工作於同一時間完成，三合一的資源回收計畫讓民眾有更方便的管道進行回收，資源回收量快速成長兩倍。

　　如果「垃圾不落地」是打通臺北市環保政策的任督二脈，那麼「隨袋徵收」就像是成為絕頂高手前必須突破的重要關頭，過關了，未來暢行無阻，但一個不小心，卻也可能走火入魔，造成難以挽回的政治風暴。在談「隨袋徵收」前有兩個重要背景必須得談，一個是令人頭痛的「垃圾大戰」，一個則是「垃圾費隨水徵收」這兩大關鍵。

　　1980年代後，臺灣經濟快速發展，民眾經濟生活大幅改善了，過往節省、念舊的美德逐漸喪失，取而代之的，是一次性使用的用品大量出現，楊素娥副處長提到自己還記得小時候一雙鞋子姊弟得三個人穿，直到穿到不能使用為止，「當時大家都有節省的觀念，現代化後早就沒了，用過就丟，回收再利用觀念不再。」社會變遷的結果，讓環保局統計每年市民垃圾增加量是以兩位數的比例驚人成長，在1999年以前臺北市家戶垃圾量平均是每日2,970公噸，加上臺北市各垃圾處理廠事業廢棄物代處理量，則平均每日總垃圾量高達3,695公噸。垃圾排山倒海而來，該怎麼處理呢？

　　垃圾掩埋場與焚化爐就應運而生。盧世昌副局長指出，一座福德坑，用不到10年就宣告壽終正寢，滿了一個，山豬窟接棒，眼見還是不夠，又設置第三掩埋場計畫；至於焚化爐方面，先是出現內湖，後來木柵、北投二廠又接著規劃啟動，設計日處理量要從4,200噸提高到6,500噸，對抗「垃圾大軍」，臺北市環保局祭出焚化爐與掩埋場因應，但這兩張牌都不是萬靈丹，「垃圾大戰」的煙硝味，已經點燃。

　　「垃圾大戰」怎麼看都是兩敗俱傷的劇本，焚化爐產生的戴奧辛，掩埋場引發的環境問題，更沒有人喜歡自家出現這兩種「不速之客」。但垃圾與日俱增卻也是不爭事實，於是環保團體與民眾站在同一陣線，與政府衝突爭執不斷，經常處於劍拔弩張的情況，而這也為「隨袋徵收」鋪了第一條路，「環保團體不希望你蓋焚化廠、掩埋場，但就環保局立場而言，你每天就是製造這麼多啊！後來環保

團體再次提出建議，要我們去回想為何民眾要製造這麼多垃圾，於是我們開始想，或許，可以做一些垃圾減量的措施。」盧世昌副局長指出。

■資源回收計畫讓民眾有更方便的管道進行回收。

丟多少繳多少　使用者付費機制發酵

「垃圾費隨袋徵收」的另一關鍵轉折則是隨水費徵收的垃圾費用。基於「污染者付費」的原則，民眾或事業機構在清除其所產生的廢棄物時，均須依照清理廢棄物的成本，支付清除處理費用，這種費用稱為「一般廢棄物清除處理費」，又稱「垃圾費」。臺北市在1991年前並未收過垃圾費，後來依照規定，於1991年9月起開始徵收垃圾費，採隨水費徵收的方式。盧世昌副局長指出，這種「附價徵收」方式原本欲打算採隨電徵收，後來因台電拒絕，於是便選擇以隨水費徵收的方式收取。只是，這樣真的公平嗎？

「當初在思考到底是隨水費徵收，還是隨電費、甚至隨瓦斯費徵收時，主婦聯盟就不斷拋出汙染者付費的原則了，隨袋徵收，向來就是我們環保團體提出的訴求。」主婦聯盟陳曼麗董事長指出，在隨水徵收的政策實施後，環保團體每年在環保署舉辦的公聽會上，都會一再反映情況的不合理，要求改善。

對於環保團體代表民間不斷向上反映的聲浪，盧世昌副局長也很認同他們的見解，「試想，夜市很多攤販都使用免洗的保麗龍碗，他們製造很多垃圾但都不用水，等於垃圾費一毛錢都不用繳，反觀民眾要是配合政府政策使用可重複利用的碗筷，或是社區為綠美化使用大量的水，這些人沒製造任何垃圾卻反而要繳交較多的垃圾費，這樣不是反淘汰嗎？等於間接鼓勵大家不要去回收。」他進一步表示，這樣的不公平讓環保團體十分感冒，環保團體認為不符合比例原則，因為依使用者付費精神，本就該按照污染者使用多寡來付費，也就是說，應該「丟多少繳多少」才是，因此一直堅持從量徵收的立場，並不斷向議會遊說，議會認同環保團體思維，於是一度與市府關係緊張。

事實上，臺北市前後兩任市長陳水扁與馬英九，都贊同垃圾採「從量徵收」的方式，只是乍看該是公平實在的好政策，這種再一次「由下而上」的民情反映，遇到的困難險阻，卻遠比垃圾不落地來得大上許多。「從水費徵收時，因為含垃圾費都是直接從金融機構扣款，沒有經過你的口袋，所以民眾『無感』，但隨袋徵收是要你自己親自掏出錢來，買一個價錢比成本高出數倍的垃圾袋，民眾都認為你政府搶錢，負面觀感油然而生。」楊素娥副處長強調，隨袋徵收不僅符合公平比例原則，而且包含設計、防偽、宣傳、行銷、人力稽查等相關成本都由臺北市政府吸收，其實買專用垃圾袋費用比隨水費徵收低了許多。「即便如此，我電話仍是接到手軟，參加宣導、公聽會議場次多到數不清，講到聲音都啞了，仍是有太多人力阻不可實行。」

堅持對的事　垃圾費隨袋徵收重要里程碑

縱使太多人不看好，但環保局仍信心十足，楊素娥副處長歸納隨袋徵收能夠順利推行的幾個主因，首先是當時馬英九市長的堅定支持，他認為既然是對的事，就沒有不做的道理，因此即使有批判聲浪，臺北市政府仍是堅定不移。有了市長的強力背書，搭配當時擔任臺北市環保局長的環保署沈世宏前署長卓越且優異的執行能力，一場看似難打的仗，才能推行得如此順利。

「再來就是議會了，議會代表廣大民意，隨袋徵收原本就為議會所支持，政府

與民意代表意見一致，因此在推行上都無反對意見。」而民間意見領袖的環保團體亦是功不可沒，因為自始至終，環保團體就是站在極力推廣的那一方，所以當初在宣導時，環保團體還主動培訓志工，深入各角落宣導隨袋徵收的重要性。主婦聯盟陳曼麗董事長表示，為了讓垃圾隨袋徵收減少阻力，一開始選擇試辦的里，就是主婦聯盟較為友好且平日深耕的里，「加上政府不斷開說明會與民眾溝通，減少阻力，以及馬市府團隊努力的宣傳，而且專款專用讓民眾能夠信服，多重因素下，讓隨袋徵收的政策能夠成功落實。」

隨袋徵收是廣受矚目的垃圾政策，目前任職於臺北市政府翡翠水庫管理局劉銘龍局長，當時也是環保團體的代表，以他觀察，隨袋徵收水到渠成的重要因素之一，仍是民眾有著強烈共識。劉銘龍局長說：「垃圾大戰與焚化爐的問題鬧得沸沸揚揚，沒人希望焚化爐蓋在自家大門口，而且隨袋徵收隱含著垃圾減量的直接誘因，因此民間也逐漸凝聚共識，對隨袋徵收採支持的想法。」他更進一步表示，台北市民的素質已經成熟，社會氛圍中已經凝聚一股希望城市向上提升的力量，既然垃圾費隨袋徵收又有著配合資源回收的想法，市民也樂於朝「綠色城市」目標邁進。

當民眾存在著共識，而政府也賣力宣傳之際，輿論力量同樣是不可忽視的重要媒介。劉銘龍局長指出，一開始拋出垃圾費隨袋徵收的議題時，媒體仍持正反兩面意見，反對的輿論認為臺灣未曾施行，失敗風險不低，並不可行。於是當時還在環境品質文教基金會服務的劉銘龍局長，就代表民間NGO組織帶領媒體考察團，前往已經實施隨袋徵收的南韓進行參訪，「面對疑慮最好方式，就是實地探訪，媒體在那裏，關於實施後可能發生的偽造問題、垃圾袋費用及取締方式，都獲得解答，回國後也都如實報導，對於隨袋徵收政策也持贊成意見。」在天時、地利與人和下，隨袋徵收的推行比想像中來的更順利，在2000年7月1日實施時，完成率就達到97%。

「垃圾費隨袋徵收」引發的後續反映，如同蝴蝶效應般，產生許多令人驚喜的結果。「垃圾費隨袋徵收」不僅達到了公平原則，第一個重大成果，就是垃圾大幅減量。根據統計，實施垃圾費隨袋徵收後，全市廢棄物已由政策實施前的每日2,970公噸，減為2012年每日平均986公噸，減量比例達66%。而「隨袋徵收」第二項重大成就，就是資源回收的暴增。與1999年實施前比較，資源回收率從原本極低的2.4%到2012年已經提升到47.79%，成長幅度不可謂不驚人。

盧世昌副局長對這樣的轉變形容得十分傳神：「原本資源回收商奄奄一息、只

剩下沒幾家可以生存，自從垃圾費隨袋徵收後，現在臺北市大型資源回收商已有100多家，回收量目前已經大於環保局收的總量。」

「以前是垃圾多到燒不完，現在呢？焚化爐還得拼命找垃圾燒。」垃圾費隨袋徵收的政策，完全消弭臺北市民與政府間「垃圾大戰」的煙硝味，如今的環保局搭配妥善的資源回收，甚至已經達到零掩埋的亮麗成績。從垃圾不落地，再到後續的三合一資源回收、垃圾費隨袋徵收，都是典型由下而上反映，透過全民宣導與公聽會的舉辦有效溝通，藉由公民意識凝聚共識，形成政府政策的最佳典範。

楊素娥副處長與盧世昌副局長都認為，透過這樣的方式不僅讓政府更能明瞭民間的思維與想法，在政策制訂上也比較不會背離民意，比起傳統由上而下的政策制訂作法，更具顯著的效果，值得更多政策主管機關學習仿效。

結語

「讓公民有機會參與，就能提出好的倡議，若政府不要打壓，一定能形成好的政策。」主婦聯盟陳曼麗董事長有感而發地表示，好的政策，仍需一群好公民願意提出倡議、支持、願意發聲，民間才有尋求改變的力量。而臺北市民政局黃呂錦茹局長也認為，一個政策想要推行成功，一定要得開放讓市民參予，政府不該一意孤行，懂得凝聚民間的力量，方可達到風行草偃的效果。

「垃圾不落地」與「垃圾費隨袋徵收」兩大政策，若是少了公民的主張、建議、積極參與和自我規範，政策若真要落實執行，也絕非易事。某種程度，或許可以說此案除了最後階段的研商公聽會之外，在精神層面上，從無到有的過程中，更加具備了公民參與的實踐精神與意義。所謂的公民參與，是公民試圖從自身的生活經驗中，發現環境問題，並且試圖找到解決的方式，從一個人到一群人，從一個鄰里到一個城市，當越來越多人都認同勢在必行，因此啟動影響公共政策和公眾生活的具體活動，迫使決策者（或行政立法機關）正視問題並傾聽人民的聲音，並依循公民意見研議更具體的實施方案和法令政策。

參考文獻／
· 垃圾袋的管理大有學問（2001.10）。行政院環境保護署資源回收管理基金管理委員會。http://recycle.epa.gov.tw/Recycle/index2.aspx
· 隨袋徵收奏效 新北垃圾減量近五成（2011.10）。環境資訊中心。http://e-info.org.tw/node/71304
· 垃圾費隨袋徵收。臺北市政府環境保護局。http://www.dep.taipei.gov.tw/np.asp?ctNode=67983&mp=110001

結論

「公民參與」是民主社會下一種必然的、由下而上產生的過程，它的實踐方式很多，從直接參與的政治活動，如請願、集會、抗爭、遊行和示威；到理性參與的會議機制，如公民咖啡館、共識會議、協商公聽會、專家諮詢和會審議會等，都屬於公民參與的範疇。

過往常見環保團體與環保署等政府單位「溝通」的模式，不是拍桌子的劍拔弩張，就是被拒於門外的高聲抗議，這固然存在著民間情緒反應與宣洩，但也凸顯公部門保守且閉門造車的心態，如今藉由多次公民咖啡館的舉行，讓官民有理性溝通的機會，坐下來談，更是高度民主化成熟的結果。

但深究而論，不管是公民咖啡館或是協商公聽會，這畢竟只是上與下溝通的「工具」而已，在政府願意開啟一扇窗，廣納各方意見之時，仍需注意並追蹤公民參與後形成的結論及成果，該如何落實執行，並適當向社會各界宣傳，這才是公民期盼的目標。

另外，想讓理性溝通的公民參與成為常態，公部門的心態也很重要，以公民咖啡館模式而言，越是廣受矚目的公眾議題，其實越需要事先做好完善的籌備，如同執行「全球氣候變遷」的案例時，多場的會前會，讓議題先經過充分溝通、收納，最後所獲得的結論，便可獲得社會各界的高度認同。

　　別讓公民參與流於大拜拜的形式，或是淪為政府官員一味辯護政策的場所，這是民間NGO普遍存在的共識，當然，公民素質的提高也是不可或缺的因素。但不可否認，如公民咖啡館這類能夠集思廣義且面面俱到的綜合溝通方式，勢必未來會成為上與下交換意見的重要管道，這種歷經與民共議、討論及公布後實施的「由下而上」模式，也將會是讓臺灣社會更美好的動力。

由衷感謝

感謝在本書採訪過程中,提供協助的專家學者、當時參與案例推動的各界好朋友們,
以及案例執行單位人員,因為有你們無私地分享,使得本書得以順利出版,
讓公民參與的力量越顯卓越。

國立中央大學 歐陽嶠暉榮譽教授
國立宜蘭大學環境工程學系 李元陞教授
國立高雄第一科技大學環境與安全衛生工程系 李家偉副教授
國立陽明大學生物科學影像暨放射科學系 李俊信教授
國立雲林科技大學環境與安全衛生工程學系 謝祝欽教授
國立臺北科技大學工程學院 張添晉院長
國立臺北科技大學環境工程與管理研究所 胡憲倫教授
國立臺灣大學公共衛生學院職業醫學與工業衛生研究所 鄭尊仁教授
國立臺灣大學政治學系 林子倫助理教授
國立臺灣大學環境衛生研究所 王根樹教授
國立臺灣科技大學化學工程學系 顧洋教授
淡江大學水資源及環境工程學系 康世芳教授
開南大學公共事務管理學系 柯三吉教授
臺北市立教育大學地球環境暨生物資源學系 陳建志副教授
臺北醫學大學公共衛生暨營養學院 張武修教授
(以上依單位筆劃序排列)

友達光電股份有限公司環安管處 牛銘光處長
主婦聯盟環境保護基金會 陳曼麗董事長
恩吉歐社會企業股份有限公司 高茹萍總經理
森田園藝維護工程企業社 陳嵩嵐董事長
黑潮海洋文教基金會 張泰迪執行長
臺灣動物社會研究會 朱增宏執行長
魅力臺灣推廣協會 潘翰聲執行長
環保志工 劉武雄先生
環科工程顧問股份有限公司 周林森協理
環境永續發展基金會 張晃彰副董事長
環境資源研究發展基金會 吳春滿助理研究員
(以上依單位筆劃序排列)

行政院環保署綜計處 楊素娥副處長
行政院環保署綜計處 俞振海科長
行政院環保署綜計處 陳彥男薦任技士
行政院環保署空保處 謝燕儒處長
行政院環保署空保處 謝炳輝副處長
行政院環保署空保處 周禮中科長
行政院環保署空保處 黃偉鳴科長
行政院環保署空保處 黎揚輝科長
行政院環保署空保處 謝仁碩技正
行政院環保署水保處 沈一夫副處長
行政院環保署水保處 陳俊融技正
行政院環保署廢管處 邱濟民簡任技正
行政院環保署廢管處 李宜樺科長
行政院環保署毒管處 袁紹英處長
行政院環保署毒管處 高俊璿薦任技士
行政院環保署毒管處 張文興簡任技正
行政院環保署管考處 蕭慧娟處長
行政院環保署管考處 郭秀玲副處長
行政院環保署管考處 李奇樺科長
行政院環保署管考處 邱慈娟技正
行政院環保署環境督察總隊 林茂原專門委員
行政院環保署永續發展室 曹賜卿主任研究員
行政院環保署永續發展室 楊峻維特約助理管理師
行政院環保署溫減室 簡慧貞執行秘書
行政院環保署溫減室 葉耕誠組長
行政院環保署溫減室 黃伊薇環境技術師
行政院環保署溫減室 葉志高環境技術師
行政院環保署生態社區推動方案室 鄒燦陽副執行秘書
行政院環保署回收基管會 曹芝寧組長

臺北市民政局 黃呂錦茹局長
臺北市政府環保局 盧世昌副局長
臺北市政府環保局北投垃圾焚化廠 傅良枝廠長
臺北翡翠水庫管理局 劉銘龍局長

國家圖書館出版品預行編目(CIP)資料

保護環境的公民進行式：環境政策via公民參與 / 王韻齡等
採訪撰文. – 臺北市：環保署, 2014.3
　面；　公分
ISBN 978-986-03-9383-5(平裝)

1.環境保護 2.公民教育

445.99　　　　　102024987

出　　　版：行政院環境保護署
發 行 人：魏國彥
總 策 畫：沈世宏、葉欣誠、張子敬
策畫執行：符樹強、葉俊宏、楊素娥、吳鈴筑、周國鼎、姚凱富
編審委員：丘昌泰、林子倫、柯三吉、柯于璋、張子超、張四明 （依姓氏筆畫）
地　　　址：10042臺北市中正區中華路一段83號
電　　　話：02-23117722
網　　　址：www.epa.gov.tw

編　　　製：台灣赫斯特出版股份有限公司
執行主編：王之帆
採訪撰文：王韻齡、吳思瑩、楊正敏、劉永祥、劉易昇、蘇晨瑜
封面設計：Croter Hung
美術設計：阮俊詠、吳智弘
地　　　址：10491臺北市中山區建國北路一段90號8樓
電　　　話：02-25016699
網　　　址：www.hearst.com.tw

出版日期：2014年3月
定　　　價：210元

展 售 處
國家書店／臺北市松江路209號 02-25180207
五南文化廣場／臺中市中山路6號 04-22260330

GPN：1010203271

本印刷品使用FSC™ COC驗
證紙張及大豆油墨或環保標
章植物性油墨印製

環境教育標章

MIX
Paper from
responsible sources
FSC™ C105023